中等职业学校公共基础课程配套教材

信息技术学习指导与练习

主　编◎陈春华　邓　萍

副主编◎黄素青

参　编◎林之玮　黄　健　陈　昕　吴何逊
　　　　郭松格　胡立斌　池毓森　许文硕
　　　　黄馨颖　王雪花　郑涵羽

电子工业出版社

Publishing House of Electronics Industry

北京·BEIJING

内 容 简 介

本书基于《中等职业学校信息技术课程标准》基础模块 1~8 单元的学习要求，结合福建省中等职业学校学业水平考试考纲要求进行编写，用于培养中等职业学校学生符合新时代要求的信息素养和适应职业发展需要的信息能力。

本书包括信息技术应用基础、网络应用、图文编辑、数据处理、程序设计入门（Python）、数字媒体技术应用、信息安全基础、人工智能初步 8 章内容，既可以帮助学生提升计算机操作能力，增强信息意识，树立正确的信息社会价值观和责任感，又可以有效地强化学生的核心素养。

本书提供相关操作习题的素材、理论习题答案。

未经许可，不得以任何方式复制或抄袭本书之部分或全部内容。
版权所有，侵权必究。

图书在版编目（CIP）数据

信息技术学习指导与练习 / 陈春华，邓萍主编. —北京：电子工业出版社，2023.10

ISBN 978-7-121-46530-7

Ⅰ. ①信… Ⅱ. ①陈… ②邓… Ⅲ. ①电子计算机—中等专业学校—教学参考资料 Ⅳ. ①TP3

中国国家版本馆 CIP 数据核字（2023）第 195194 号

责任编辑：寻翠政　　特约编辑：徐　震
印　　刷：涿州市京南印刷厂
装　　订：涿州市京南印刷厂
出版发行：电子工业出版社
　　　　　北京市海淀区万寿路 173 信箱　邮编　100036
开　　本：880×1 230　1/16　印张：13.25　字数：305 千字
版　　次：2023 年 10 月第 1 版
印　　次：2024 年 9 月第 2 次印刷
定　　价：34.80 元

凡所购买电子工业出版社图书有缺损问题，请向购买书店调换。若书店售缺，请与本社发行部联系，联系及邮购电话：（010）88254888，88258888。

质量投诉请发邮件至 zlts@phei.com.cn，盗版侵权举报请发邮件至 dbqq@phei.com.cn。

本书咨询联系方式：（010）88254591，xcz@phei.com.cn。

  本书基于《中等职业学校信息技术课程标准》基础模块1~8单元的学习要求，结合福建省中等职业学校学业水平考试考纲进行编写，突出技能和动手实践能力，符合中职学生学习信息技术的要求。

  全书分为8章，包括信息技术应用基础、网络应用、图文编辑、数据处理、程序设计入门（Python）、数字媒体技术应用、信息安全基础、人工智能初步。每章分为若干节，以思维导图的方式对知识点进行梳理，提炼课程标准及考纲要求的重点知识和技能，并通过习题练习，引导学生在实践中进一步巩固所学知识，培养学生知识迁移的能力及解决问题的能力，逐步增强信息意识，树立正确的信息社会价值观和责任感，培养符合时代要求的信息素养与适应职业发展需要的信息能力。

  本书由福建经济学校陈春华、邓萍负责全书的编写指导、校稿和统稿，参编人员有黄素青、池毓淼、许文硕、郭松格、黄健、陈昕、林之玮、胡立斌、郑涵羽、王雪花、黄馨颖、吴何逊。限于编写水平，书中难免存在不足之处，欢迎广大师生在使用过程中提出宝贵意见，以便我们进一步修订。

编 者

第 1 章	信息技术应用基础	001
1.1	认识信息技术和信息社会	001
1.2	认识信息系统	009
1.3	连接和设置信息技术设备	016
1.4	使用 Windows 10 操作系统	022
1.5	管理信息资源	027
1.6	维护信息系统	036

第 2 章	网络应用	041
2.1	认识网络	041
2.2	计算机网络的配置与管理	047
2.3	获取网络资源	055
2.4	网络交流与信息发布	061
2.5	运用网络工具	066
2.6	了解物联网	070

第 3 章	图文编辑	074
3.1	WPS 文字入门	074
3.2	设置文本格式	077
3.3	制作表格	080
3.4	图文表混排	083

第 4 章	数据处理	089
4.1	采集数据	089

v

4.2	加工数据	094
4.3	分析数据	100
4.4	初识大数据	104

第5章 程序设计入门（Python） ... 108
  5.1 了解程序设计语言 ... 108
  5.2 使用Python语言设计简单程序 ... 111

第6章 数字媒体技术应用 ... 122
  6.1 获取加工数字媒体素材 ... 122
  6.2 演示文稿的制作 ... 127
  6.3 虚拟现实与增强现实技术 ... 134

第7章 信息安全基础 ... 136
  7.1 信息安全常识 ... 136
  7.2 信息安全策略 ... 142

第8章 人工智能初步 ... 148
  8.1 初识人工智能 ... 148
  8.2 了解机器人 ... 153

综合模拟测试卷 ... 157
  综合测试卷（一） ... 157
  综合测试卷（二） ... 162
  综合测试卷（三） ... 167
  综合测试卷（四） ... 172
  综合测试卷（五） ... 176
  综合测试卷（六） ... 181
  综合测试卷（七） ... 186
  综合测试卷（八） ... 191
  综合测试卷（九） ... 196
  综合测试卷（十） ... 200

第1章 信息技术应用基础

1.1 认识信息技术和信息社会

【学习目标】

- 了解信息技术的概念和发展历程。
- 了解信息技术在当今社会的典型应用。
- 了解信息技术对人类社会生产、生活方式的影响。
- 了解信息社会的特征及相应的文化、道德和法律常识。
- 了解信息社会的发展趋势。

【思政目标】

- 遵守国家和社会规范、文明守信。
- 自觉践行社会主义核心价值观。

【知识梳理】

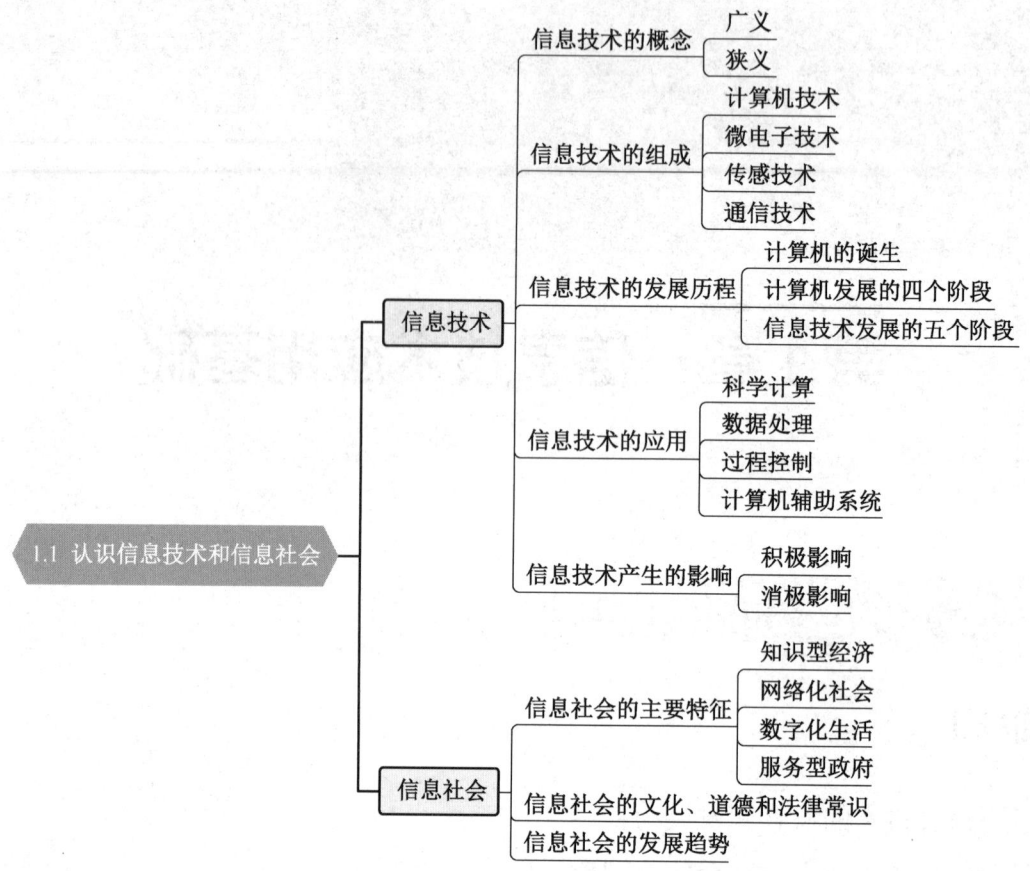

【知识要点】

一、信息技术

1. 信息技术的概念

信息技术（Information Technology，IT）的定义，有以下两种表述。

（1）从广义上讲：信息技术是指能充分利用和扩展人类信息器官功能的各种方法、工具与技能的总和。

（2）从狭义上讲：现代信息技术是指利用计算机、通信网络、广播电视等各种硬件设备及软件工具与科学方法，对数、文、图、声、像等信息进行获取、存储、加工、传输与使用的技术之和。

2. 信息技术的组成

现代信息技术主要包括：计算机技术、微电子技术、传感技术和通信技术。

3. 信息系统的发展历程

（1）世界上第一台电子数字计算机埃尼阿克（ENIAC）于1946年2月诞生于美国。

（2）按电子计算机采用的电子器件（元器件）的不同，可将计算机的发展分为四个阶段，如表 1-1-1 所示。

表 1-1-1　计算机发展的四个阶段

发展阶段	主要逻辑器件	软件	主要应用领域
第一代（1946—1958 年）	电子管	机器语言、汇编语言	科学计算、军事、科研
第二代（1959—1964 年）	晶体管	操作系统、高级语言	数据处理和事务处理
第三代（1965—1970 年）	中、小规模集成电路	操作系统、高级语言	科学计算、数据处理及过程控制
第四代（1971 年至今）	大规模和超大规模集成电路	网络操作系统、数据库管理系统及各种应用系统等	人工智能、数据通信及社会各领域

（3）信息技术的发展经历了五个阶段，如表 1-1-2 所示。

表 1-1-2　信息技术发展的五个阶段

技术革命	标志	作用
第一阶段	语言的出现	便于信息的交流和分享
第二阶段	文字的出现	首次打破信息存储和传递的时空限制
第三阶段	造纸和活字印刷术的发明	扩大了信息交流的范围
第四阶段	电报、电话、广播和电视的发明	进一步突破了信息传递的时空限制
第五阶段	计算机与现代通信技术的普及和应用	将人类社会推向数字化的信息时代

4．信息技术的应用

当今社会，新技术层出不穷，不断开拓信息技术新的应用领域和更丰富的应用形态，改变着人们的生产、生活方式。

计算机是一种信息处理工具，计算机的应用领域代表着信息技术的主要应用。计算机的主要应用领域与实例如表 1-1-3 所示。

表 1-1-3　计算机的主要应用领域与实例

应用领域	应用实例
科学计算	工程技术、地震预测、天气预报、航空航天、军工等
数据处理	财务管理、物资管理、人事管理、行政管理、项目管理、购销管理、情况分析、市场预测、人口普查、金融与证券业务、情报检索等
过程控制	石油化工、水电、冶金、机械加工、交通运输、导弹、火箭和航天飞船等的自动控制
计算机辅助系统	计算机辅助制造（CAM）、计算机辅助测试（CAT）、计算机集成制造（CIMS）、计算机辅助教学（CAI）、计算机辅助设计（CAD）

5. 信息技术的影响

（1）积极影响。

① 改善人们学习与生活。例如：电子购物、网上看病、协同办公、远程培训等。

② 推动科技进步，加速产业变革。例如：智能制造、新能源开发、互联网创新等。

③ 促进社会发展，创造新的人类文明。

（2）消极影响。

① 信息泛滥。

② 信息污染。

③ 信息犯罪。

④ 可能危害人们的身心健康。

二、信息社会

1. 信息社会的特征

信息社会的主要特征表现在知识型经济、网络化社会、数字化生活和服务型政府四个方面。

（1）知识型经济。

知识型经济是指以信息与知识的生产、分配、拥有和使用为主要特征，以创新为主要驱动力的经济形态。与传统农业和工业经济相比，知识型经济具有人力资源知识化、发展方式可持续化、产业结构软化、经济发达等特征。

（2）网络化社会。

网络化社会是信息社会最典型的特征，表现在信息服务的可获得性和社会发展的全面性两个方面。在信息社会中，人们可以享受信息服务，同时网络使社会发展更加全面。信息社会提供的多样化服务使绝大多数人能充分享受现代社会的文明生活。

（3）数字化生活。

信息社会使人们的社会生活计算机化、自动化，生活模式与文化模式多样化和个性化。信息活动成为人类活动的重要形式。数字化生活具有生活工具数字化、生活方式数字化、生活内容数字化等方面的特征。

（4）服务型政府。

服务型政府充分利用信息技术实现社会管理和公共服务。在信息技术的支撑下，服务型政府具有科学决策、公开透明、高效治理、互动参与等方面的特征。

2. 信息社会的文化、道德和法律常识

信息社会的文化呈现数字化、全球化、多元化、网络化、开放性和包容性等特点，文化交流更加自由和平等。我国与信息技术有关的法律法规如表1-1-4所示。

表 1-1-4　我国与信息技术有关的法律法规

法律法规名称	施行时间	作用
《计算机软件保护条例》	2013年3月1日	以保护计算机软件著作权人的权益为主，调整计算机软件在开发、传播和使用中发生的利益关系，鼓励计算机软件的开发与应用，促进软件产业和国民经济信息化的发展
《中华人民共和国网络安全法》	2017年6月1日	保障网络安全，维护网络空间主权和国家安全、社会公共利益，以法律形式明确"网络实名制"，重点保护关键信息基础设施等
《中华人民共和国电子商务法》	2019年1月1日	保障电子商务各方主体的合法权益，规范电子商务行为，维护市场秩序，促进电子商务持续健康发展
《中华人民共和国密码法》	2020年1月1日	规范密码管理和应用，促进密码事业发展，保障网络与信息安全
《中华人民共和国电子签名法》	2005年4月1日	规范电子签名行为，确立电子签名的法律效力，维护有关各方的合法权益
《信息安全等级保护管理办法》	2007年6月22日	提高信息安全保障能力和水平，维护国家安全、社会稳定和公共利益，保障和促进信息化建设

3. 信息社会的发展趋势

信息技术的飞速发展与创新应用形态不断涌现，使得信息社会呈现出新的发展趋势，如新型的社会治理结构、新型的社会生产方式、新兴产业的兴起与产业结构的变化、数字化的生产工具在生产和服务领域的普及与广泛应用、新型的就业形态与就业结构、新型的交易方式、数字化生活方式等方面。

【基础练习】

1. 下列选项中，不属于现代信息技术应用的是（　　）。
   A．智能家居　　　　　　　　B．3D打印
   C．虚拟现实　　　　　　　　D．手工绘画

2. 下列有关信息技术的说法中，不正确的是（　　）。
   A．传感技术用于传递信息
   B．人类已经进入5G时代
   C．现代信息技术的基石是微电子技术
   D．标准的键盘与机械鼠标没有用到传感技术

3. 计算机与现代通信技术的普及和应用是信息技术发展的（　　）。
   A．第二阶段　　　　　　　　B．第三阶段
   C．第四阶段　　　　　　　　D．第五阶段

4. 世界上第一台电子数字计算机 ENIAC 诞生于（ ）。

    A．美国   B．德国

    C．英国   D．中国

5. 计算机发展阶段的第四代主要逻辑器件是（ ）。

    A．电子管

    B．晶体管

    C．中、小规模集成电路

    D．大规模和超大规模集成电路

6. 下列英文简称中，表示计算机辅助制造的是（ ）。

    A．CAI   B．CAD

    C．CAM   D．CAT

7. 下列选项中，属于信息社会基本特征的有（ ）。

    ① 知识型经济   ② 农业型经济   ③ 工业化生活   ④ 网络化社会

    A．②③   B．③④

    C．①④   D．①②

8. 信息社会指的是（ ）。

    A．以信息活动为基础的社会

    B．实现脱贫攻坚的社会

    C．不存在的社会

    D．发展工业为基础的社会

9. 下列法律法规中，与信息技术不相关的是（ ）。

    A．《中华人民共和国网络安全法》

    B．《中华人民共和国电子商务法》

    C．《中华人民共和国密码法》

    D．《中华人民共和国未成年人保护法》

10. 下列行为中，符合社会道德规范的是（ ）。

    A．某同学破解了一款正版软件，在网络上售卖

    B．某同学设计了一个程序，复制了很多公司内部数据，但并未造成经济上的损失

    C．某同学在微信群中发布了号召大家保护海洋生物的文章，呼吁大家关注海洋环境

    D．某同学将不喜欢的老师的电话号码发布在网络上

11. 现代信息技术的组成包括（ ）。

    ① 计算机技术   ② 通信技术   ③ 微电子技术   ④ 传感技术

A. ①②③ B. ②③④
C. ①③④ D. ①②③④

12. 下列有关信息技术概念的说法中，错误的是（　　）。
    A. 信息技术是指能充分利用和扩展人类信息器官功能的各种方法、工具与技能的总和
    B. 现代信息技术是指利用计算机、网络、广播电视等各种硬件设备、软件工具及科学方法的技术
    C. 信息技术是指如何研究和获取信息、处理信息、传输信息和使用信息的技术
    D. 信息技术是指用计算机采集信息和加工信息的技术

13. 当前计算机正朝着（　　）等方向发展。
① 巨型化　② 微型化　③ 智能化　④ 人性化
    A. ①②③ B. ②③④
    C. ①③④ D. ①②③④

14. 现如今人们可以在网络上进行购物，这个行为体现了信息技术在（　　）方面的应用。
    A. 教育 B. 电子商务
    C. 机器学习 D. 云计算

15. 下列对于信息社会道德的叙述中，错误的是（　　）。
    A. 在网络聊天时，不随意辱骂他人
    B. 在网络中宣扬社会主义核心价值观
    C. 如果在网络上被他人辱骂，则不必对他人太客气
    D. 作为青少年应该自觉遵守网络行为道德规范

16. 下列选项中，不能体现信息技术在教育领域应用的是（　　）。
    A. 智慧教室 B. 面对面授课
    C. 在线教育平台 D. 智学网

17. 信息技术对人类社会的积极影响有（　　）。
① 改善人们的学习与生活
② 推动科技进步，加速产业变革
③ 促进社会发展
④ 信息污染与信息泛滥
    A. ①②③ B. ②③④
    C. ①③④ D. ①②③④

18. 信息技术中通信技术主要用于（　　）。

    A．传输信息　　　　　　　B．获取信息

    C．存储信息　　　　　　　D．加工信息

19. 下列选项中，不属于信息社会的发展趋势的是（　　）。

    A．数字化生活　　　　　　B．自动化生产

    C．机械化制造　　　　　　D．智能化网络

20. 某同学在自己设计的作品中引用了他人的作品，并且没有注明引用信息来源，他的行为属于（　　）。

    A．侵害他人知识产权　　　B．信息犯罪

    C．信息泄露　　　　　　　D．意外事故

21. 我们可以在网上搜索"故宫博物院"并在线参观藏品，体现了信息社会的文化呈现（　　）的特点。

    A．多元化　　　　　　　　B．网络化

    C．开放化　　　　　　　　D．数字化

22. 手机触摸屏应用了（　　）。

    A．红外线技术　　　　　　B．传感技术

    C．遥控技术　　　　　　　D．无线技术

23. 下列关于保护知识产权的叙述中，正确的是（　　）。

    A．如果预算不够，可以购买盗版软件

    B．未经软件著作权人的允许，可以对其软件进行修改升级

    C．作为软件的使用者，应该自觉使用正版软件

    D．在自己的作品中对他人的作品进行引用，不必注明原作者

24. 下列法律法规中，（　　）体现了我国保护计算机软件著作权人的权益。

    A．《中华人民共和国密码法》

    B．《计算机软件保护条例》

    C．《信息安全等级保护管理办法》

    D．《中华人民共和国网络安全法》

25. 为规范青少年网民合理使用网络，团中央、教育部等联合发布了（　　）。

    A．《中小学生守则》

    B．《全国青少年网络文明公约》

    C．《中华人民共和国未成年人保护法》

    D．《中华人民共和国义务教育法》

26. 下列选项中，不属于信息社会的重要特征的是（　　）。
    A．信息资源是核心　　　　　　B．知识成为巨大资源
    C．社会生活逐渐数字化　　　　D．社会生活逐渐虚拟化
27. 使用计算机进行模型设计属于信息技术在（　　）方面的应用。
    A．辅助设计　　　　　　　　　B．信息处理
    C．辅助学习　　　　　　　　　D．科学计算
28. 个人计算机属于（　　）。
    A．小型计算机　　　　　　　　B．微型计算机
    C．中型计算机　　　　　　　　D．巨型计算机
29. 新一代信息技术的核心不包括（　　）。
    A．移动互联网　　　　　　　　B．物联网
    C．人工智能　　　　　　　　　D．工业生产
30. 目前计算机应用最为广泛的领域是（　　）。
    A．虚拟技术　　　　　　　　　B．增强现实
    C．数据处理　　　　　　　　　D．自动控制

1.2　认识信息系统

【学习目标】

- 了解信息系统的组成。
- 了解二进制、八进制、十六进制的基本概念和特点。
- 了解二进制、十进制整数的转换方法。
- 了解存储单位的基本概念。
- 了解 ASCII 码的基本概念。
- 了解汉字编码的分类。

【思政目标】

- 了解中国在计算机领域所取得的成绩，增强民族自豪感和爱国情怀。
- 尊重知识产权，树立知识产权保护意识。

【知识梳理】

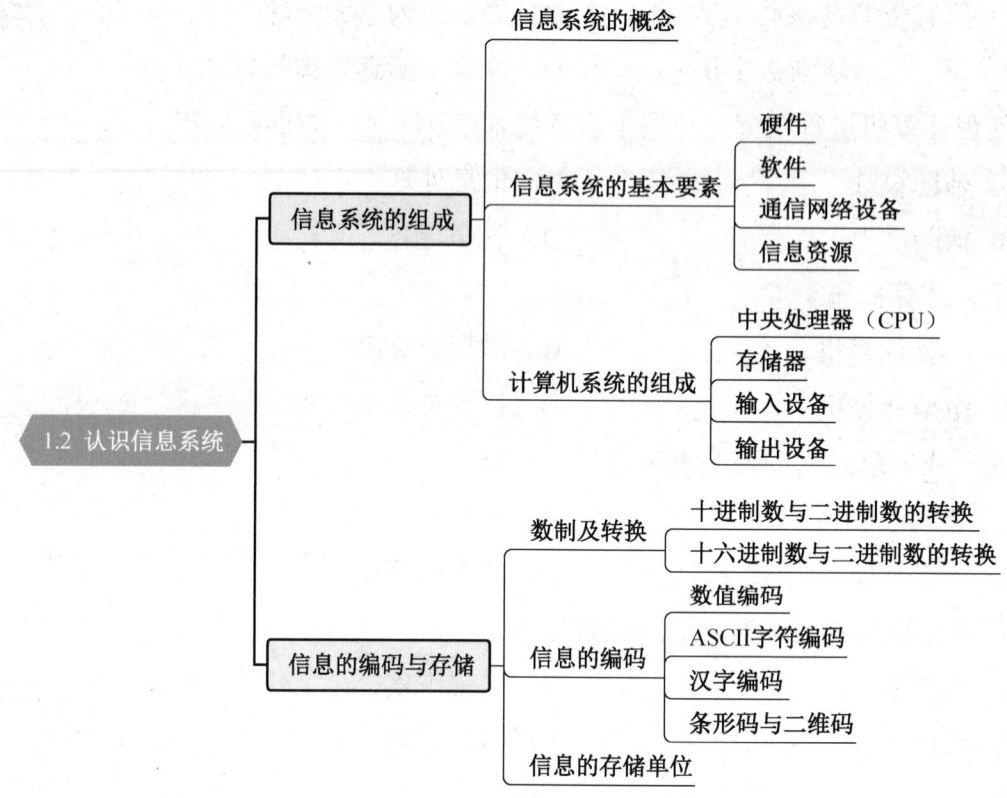

【知识要点】

一、信息系统的组成

1. 信息系统的概念

从功能角度定义，信息系统是用于信息输入、存储、处理、输出和控制的系统。

2. 信息系统的基本要素

信息系统的基本要素如表 1-2-1 所示。

表 1-2-1　信息系统的基本要素

要素	包含的主要内容
硬件	计算机、移动终端、输入和输出设备、网络通信设备等
软件	包括系统软件和应用软件
通信网络设备	服务器、网卡、传输介质、调制解调器、交换机和路由器等
信息资源	文档、数据、图形图像、音视频等

3. 计算机系统的组成

计算机是信息系统进行信息处理的核心，由中央处理器（CPU）、存储器、输入设备、输出设备 4 个基本部分组成。运算器和控制器构成计算机的中央处理器，存储器又分为内存储器和外存储器。

（1）中央处理器（CPU）。

CPU是一块超大规模的集成电路，由运算器和控制器组成，是计算机的运算核心和控制核心，负责解释程序指令并进行数据运算和处理。

（2）存储器。

① 内存储器。

内存储器简称内存，由超大规模集成电路制作而成，数据存取速度快。在计算机内，内存由若干内存条组成，是计算机的主要部件之一。

内存包括只读存储器（ROM）、随机存取存储器（RAM）（也叫主存）和高速缓冲存储器（cache）。ROM断电后信息不丢失，存储内容不可更改；RAM断电后信息丢失，存取速度快，存储内容可更改；cache是位于CPU与主存之间的临时存储器，它的容量比主存小很多，但交换速度却比主存快得多。

② 外存储器。

外存储器简称外存，也叫辅存，主要用于存放长期使用的程序、文档和数据等。程序需要执行时由外存调入内存，由CPU来执行，执行的结果又可以保存到外存中。外存包括硬盘存储器、光盘存储器、U盘及各种移动存储器等。

（3）输入设备。

输入设备用于向计算机输入命令、程序、数据、文本、图形、图像、音频和视频等信息。常见的输入设备有键盘、鼠标、摄像头、数码相机等。

（4）输出设备。

输出设备是把计算机内部加工处理的信息，用人所能识别的形式（如字符、图形、图像、音视频等）表示出来，它包括显示设备、打印设备、语音输出设备、图像输出设备、视频输出设备等。

二、信息的编码与存储

1. 数制

数制即计数方法，是用一组固定的符号和统一的规则来表示数值的方法。在计算机中常用的数制有二进制、八进制、十进制、十六进制，其中计算机内部能直接识别的数制是二进制。

2. 数制之间的转换

（1）十进制数与二进制数的相互转换。

十进制整数转换为二进制数时，采用"除2取余，逆序排列法"，即将要转化的十进制整数反复除以2，每次取出余数，商作为下一次的被除数，如此进行，直至被除数为0，最后将余数按由下往上的顺序写出来，即得到要转换的二进制数。

二进制数转换为十进制数时，采用按权展开求和的方法，即将二进制数的各位数码乘以各位的位权并相加，求出的总和即为转换的十进制数。

（2）十六进制数与二进制数的相互转换。

二进制数转换为十六进制数时，将二进制数从右往左每四位分组（最左侧若不足四位，则在左侧补0），把每组的四位二制数按位权相加求和，将和用十六进制数码表示即可。十六进制数转换成二进制数时，将十六进制数中的每一位数分别转换为四位二进制数即可。

3. 信息的编码

（1）数值编码。

数值编码是指用二进制数表示数值的编码方法。

（2）ASCII 码。

ASCII 码是美国信息交换标准代码的简称，该编码已被国际标准化组织采纳，作为国际通用信息交换标准代码。ASCII 码使用 8 位二进制数（其中最高位为 0）表示一个字符，总共可表示 128 个不同的字符。

（3）汉字编码。

汉字在计算机内部也是采用二进制编码的。汉字的编码主要分为：输入码（外码）、机内码（内码）、国标码（交换码）、字形码（输出码）。

（4）条形码和二维码。

条形码和二维码都是按照一定的编码规则排列、用以传递信息的图形符号。

4. 信息的存储单位

位是计算机中存储信息的最小单位。一个二进制数 0 或 1 就表示一个位，位称为"比特"（bit），存储信息最基本的单位是字节（Byte，简记为 B），1B = 8bit。常见换算及存储单位如下。

$$1KB = 2^{10}B = 1024B$$
$$1MB = 2^{20}B = 1024^2B = 1024KB$$
$$1GB = 2^{30}B = 1024^3B = 1024MB$$
$$1TB = 2^{40}B = 1024^4B = 1024GB$$
$$1PB = 1024TB，1EB = 1024PB，1ZB = 1024EB$$

【基础练习】

1. 信息系统的基本要素包括硬件、软件、通信网络设备和（　　）。

　　A．信息技术　　　　　　　B．信息资源

　　C．信息功能　　　　　　　D．信息管理

第1章 信息技术应用基础

2．下列设备中，不属于通信网络设备的是（　　）。

　　A．服务器　　　　　　　　　B．网卡

　　C．交换机　　　　　　　　　D．键盘

3．下列设备中，不属于外存储器的是（　　）。

　　A．内存条　　　　　　　　　B．硬盘

　　C．U 盘　　　　　　　　　　D．光盘

4．网线插在计算机的（　　）。

　　A．RJ-45 接口　　　　　　　B．COM 接口

　　C．PS/2 接口　　　　　　　 D．USB 接口

5．下列设备中，属于计算机外部设备的是（　　）。

　　A．键盘和内存储器　　　　　B．鼠标和 CPU

　　C．打印机和显示器　　　　　D．控制器和网线

6．下列设备中，不能作为输出设备的是（　　）。

　　A．音响　　　　　　　　　　B．显示器

　　C．投影仪　　　　　　　　　D．扫描仪

7．断电后信息都不会丢失的存储器是（　　）。

①U 盘中的信息　　　　　②RAM 中的信息

③ROM 中的信息　　　　　④光盘中的信息

　　A．①②③　　　　　　　　　B．①③④

　　C．①②④　　　　　　　　　D．①②③④

8．中央处理器指的是（　　）。

　　A．控制器和运算器　　　　　B．运算器和变速器

　　C．控制器和存储器　　　　　D．操作系统和应用软件

9．下列关于读取速度的排序中，正确的是（　　）。

　　A．U 盘＞硬盘＞光盘　　　　B．闪存＞ROM＞cache

　　C．cache＞RAM＞U 盘　　　　D．内存=缓存=外存

10．下列说法中，正确的是（　　）。

　　A．外存中的程序和数据装入内存的操作称为读盘

　　B．硬盘和 U 盘只是输入设备

　　C．CPU 不可以直接访问内存

　　D．断电后所存储的信息全部丢失的存储器是 ROM

11. 表示一个十六进制数，通常在数字末尾加上字母（　　）。
    A. O   B. B
    C. H   D. D

12. 下列分别属于十六进制数和八进制数的是（　　）。
    A. 9A，88   B. 56，97
    C. 65，6Z   D. 3C，22

13. 二进制数（11001）$_2$ 转化为十进制数为（　　）。
    A. 25   B. 26
    C. 33   D. 34

14. 十进制数 43 转化为二进制数为（　　）。
    A.（101001）$_2$ B.（110111）$_2$
    C.（110101）$_2$ D.（101011）$_2$

15. 1 KB 可以储存的中文字符个数是（　　）。
    A. 1024   B. 512
    C. 2048   D. 128

16. 下列选项中，可能为八进制数的是（　　）。
    A. 7A   B. 59
    C. 80   D. 41

17. 计算机内部对于信息的表现形式为（　　）。
    A. 二进制数   B. 八进制数
    C. 十进制数   D. 十六进制数

18. 计算机存储信息的最基本单位是（　　）。
    A. 位   B. 字长
    C. 字节   D. bit

19. 计算机存储信息的最小单位是（　　）。
    A. bit   B. Byte
    C. KB   D. MB

20. 下列选项中，（　　）与 1GB 的容量相等。
    A. 512MB   B. 1024MB
    C. 1024TB   D. 1024KB

21. 下列不同字符的 ASCII 码大小比较中，正确的是（　　）。
    A. ！<B<6   B. d<D<5

C．A<3<6 D．6<W<w

22．某同学通过搜狗输入法的拼音输入"xinxijishu"得到"信息技术"四个汉字，编码"xinxijishu"属于（　　）。

  A．汉字机内码 B．汉字输入码

  C．汉字字形码 D．区位码

23．下列关于信息编码的叙述中，不正确的是（　　）。

  A．条形码和二维码都属于图形符号

  B．数值编码是采用二进制数表示数值的编码方式

  C．ASCII码是目前国际通用的信息交换标准代码

  D．目前没有办法对汉字进行编码

24．下列信息存储单位排序大小正确的是（　　）。

  A．1KB＞1GB＞1TB B．1MB＞1KB＞1TB

  C．1GB＞1MB＞1KB D．1GB＞1TB＞1KB

25．下列对于数制的叙述中，错误的是（　　）。

  A．计算机可以直接识别所有数制

  B．二进制数只有0和1组成

  C．二进制数转换成十六进制数使用"取四合一"法

  D．十六进制的数码有16个

26．条形码属于（　　）。

  A．ASCII码 B．区位码

  C．图形码 D．Unicode码

27．存储一个英文字母和一个汉字分别需要占用的字节数是（　　）。

  A．1，1 B．1，2

  C．2，1 D．2，2

28．下列各种进制的数中，最小的是（　　）。

  A．$(1011)_8$ B．$(1011)_2$

  C．$(1011)_{16}$ D．$(1011)_{10}$

29．下列二进制数中，最大的是（　　）。

  A．11101 B．11000

  C．10101 D．10111

30．如果字母"G"的ASCII码为71，那么字母"C"的ASCII码为（　　）。

  A．66 B．67

C．68 D．69

31．下列说法中，正确的是（　　）。

A．不同汉字的机内码长度是不同的

B．条形码一般用于大体量数据的传输

C．软件分为系统软件和应用软件

D．计算机系统是由主机和外部设备组成的

32．下列设备中，既是输出设备又是输入设备的有（　　）。

① 移动硬盘　　② 光盘　　③ 触摸屏　　④ 耳麦

A．①②③ B．①③④

C．①②④ D．①②③④

33．若 CPU 要使用外存中的信息，则首先应该将其调入（　　）。

A．运算器 B．内存

C．控制器 D．缓存

34．将十进制数 45 转化成不同进制的数，下列选项中，正确的是（　　）。

A．(2D)$_{16}$ B．(56)$_8$

C．(111011)$_2$ D．(111001)$_2$

35．3MB 的准确值为（　　）。

A．3×1024 KB B．3×512 KB

C．6×128 B D．3×1024 GB

1.3　连接和设置信息技术设备

【学习目标】

- 正确连接计算机、移动终端和常用外部设备。
- 了解常见信息技术设备的设置。

【思政目标】

- 弘扬精益求精的工匠精神。
- 爱岗敬业、团结协作。

【知识梳理】

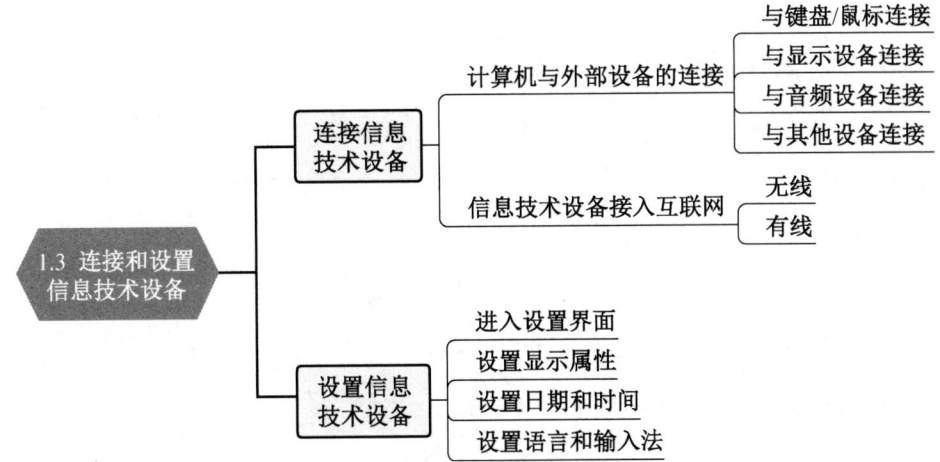

【知识要点】

一、连接信息技术设备

1. 计算机与外部设备的连接

（1）计算机与键盘/鼠标连接：根据键盘/鼠标线缆的接口类型，可以通过 PS/2 接口或 USB 接口将其与计算机连接。对于无线键盘/鼠标，将键盘/鼠标配套的无线收发器插入主机的 USB 接口即可。

（2）计算机与显示设备连接：显示器、投影仪、数字电视等显示设备，可以通过 DVI、HDMI、DisplayPort（DP）、VGA 等类型接口，使用对应类型的线缆与计算机连接。

（3）计算机与音频设备连接：音频设备一般使用 3.5 mm 同轴音频电缆和相应接口与计算机进行连接。

（4）计算机与其他设备连接：打印机、移动硬盘、数码相机、摄像机及其他设备，一般通过 USB 接口和电缆连接计算机。

2. 信息技术设备接入互联网

（1）通过有线方式接入互联网。

（2）通过无线方式接入互联网。

二、设置信息技术设备

（1）进入设置界面。

（2）设置显示属性。

（3）设置日期和时间。

（4）设置语言和输入法。

【基础练习】

1. 在计算机中，鼠标属于（　　）。
   A．输出设备　　　　　　　　B．菜单选取设备
   C．输入设备　　　　　　　　D．应用程序的控制设备

2. CPU 要使用外存储器中的信息，应先将其调入（　　）。
   A．控制器　　　　　　　　　B．微处理器
   C．内存储器　　　　　　　　D．运算器

3. 下列 4 种设备中，属于计算机输入设备的（　　）。
   A．UPS　　　　　　　　　　B．服务器
   C．绘图仪　　　　　　　　　D．麦克风

4. 键盘上的"Backspace"键被称为（　　）。
   A．退格键　　　　　　　　　B．空格键
   C．删除键　　　　　　　　　D．变换键

5. 键盘上的上档字符键是（　　）。
   A．"Enter"键　　　　　　　 B．"Shift"键
   C．"Num Lock"键　　　　　 D．"Ctrl"键

6. 要输入大写字母，可在键盘上按（　　）。
   A．"Tab"键　　　　　　　　 B．"Delete"键
   C．"Caps Lock"键　　　　　D．"Print Screen"键

7. 欲将纸质照片输入并存储在计算机中，可以使用以下哪个设备（　　）。
   A．手写板　　　　　　　　　B．打印机
   C．扫描仪　　　　　　　　　D．投影仪

8. 利用鼠标打开桌面上的一个文件的操作方法是（　　）图标。
   A．单击　　　　　　　　　　B．指向
   C．拖曳　　　　　　　　　　D．双击

9. 将内存中加工处理的结果保存到硬盘的过程称为（　　）。
   A．读盘　　　　　　　　　　B．写盘
   C．复制　　　　　　　　　　D．输入

10. 下列选项中，都属于数字图像采集工具的是（　　）。
    A．扫描仪、显卡　　　　　　B．数码相机、键盘
    C．键盘、显卡　　　　　　　D．扫描仪、数码相机

11. 下列设备中，不能采集视频的是（　　）。

    A．视频采集卡　　　　　　　　B．扫描仪

    C．智能手机　　　　　　　　　D．数码摄像机

12. 条形码阅读仪是一种（　　）。

    A．光输出设备　　　　　　　　B．语音输入设备

    C．手写识别设备　　　　　　　D．光输入设备

13. 要截取整个屏幕内容可以使用（　　）。

    A．"Page Down"键　　　　　　B．"Print Screen"键

    C．"Scroll Lock"键　　　　　　D．"Insert"键

14. 要输入汉字，不可以使用的设备是（　　）。

    A．键盘　　　　　　　　　　　B．扫描仪

    C．手写板　　　　　　　　　　D．打印机

15. 绘图仪用于（　　）。

    A．输入图像　　　　　　　　　B．输出图像

    C．存储图像　　　　　　　　　D．编辑图像

16. 下列设备中，既是输入设备又是输出设备的是（　　）。

    A．打印机　　　　　　　　　　B．音箱

    C．触摸屏　　　　　　　　　　D．键盘

17. 按住鼠标左键的同时移动鼠标，移动到合适位置再松开鼠标，这种操作称为（　　）。

    A．移动　　　　　　　　　　　B．拖曳

    C．右键拖曳　　　　　　　　　D．指向

18. 目前，打印质量最好的打印机是（　　）。

    A．针式打印机　　　　　　　　B．点阵打印机

    C．喷墨打印机　　　　　　　　D．激光打印机

19. 键盘上的删除键是（　　）。

    A．"Delete"键　　　　　　　　B．"Backspace"键

    C．"Page Down"键　　　　　　D．"Enter"键

20. 下列设备中，属于计算机必备的输入、输出设备的是（　　）。

    A．鼠标和打印机　　　　　　　B．键盘和显示器

    C．扫描仪和音箱　　　　　　　D．键盘和打印机

21. 计算机硬件主要包括输入设备、CPU、存储器和（　　）。

  A．键盘   B．显示器

  C．输出设备   D．内存

22. 某老虎生活习性研究性学习小组要到动物园采集有关老虎的信息，他们适合携带的工具有（　　）。

  A．笔记本电脑、录音机、纸和笔

  B．智能手机、扫描仪、数码相机

  C．笔记本电脑、打印机、普通相机

  D．数码相机、数码摄像机、录音笔

23. 计算机系统是由（　　）组成的。

  A．操作系统和主机

  B．主机和外部设备

  C．CPU、内存、硬盘

  D．硬件系统和软件系统

24. 组成计算机主机的主要部件是（　　）。

  A．运算器和控制器

  B．中央处理器和主存储器

  C．运算器和外部设备

  D．运算器和存储器

25. 字长是CPU的主要性能指标之一，它表示（　　）。

  A．CPU一次能处理的二进制数的位数

  B．最长的十进制数的位数

  C．最大的有效数字位数

  D．计算结果的有效数字长度

26. U盘通常插在计算机的（　　）。

  A．RJ-45接口   B．COM接口

  C．PS/2接口   D．USB接口

27. 用GHz来衡量计算机的性能，它指的是计算机的（　　）。

  A．CPU时钟频率   B．存储器容量

  C．字长   D．CPU运算速度

28. 在计算机存储单位中，通常用大写英文字母B来表示（　　）。

  A．字   B．字长

C．字节　　　　　　　　　　D．二进制位

29．断电后会全部丢失的是（　　）。
　　A．移动磁盘中的信息　　　B．RAM 中的信息
　　C．ROM 中的信息　　　　D．硬盘中的信息

30．下列可用于表示内存容量的单位是（　　）。
　　A．Mbit/s　　　　　　　　B．MIPS
　　C．GHz　　　　　　　　　D．GB

31．计算机的 CPU 和内存条通常都安装在（　　）。
　　A．硬盘上　　　　　　　　B．显示器上
　　C．主板上　　　　　　　　D．键盘上

32．组成 CPU 的主要部件是（　　）。
　　A．运算器和控制器　　　　B．运算器和存储器
　　C．控制器和寄存器　　　　D．运算器和寄存器

33．下列存储器中，存取速度最快的是（　　）。
　　A．硬盘　　　　　　　　　B．光盘
　　C．U 盘　　　　　　　　　D．内存

34．度量计算机运算速度的常用单位是（　　）。
　　A．MIPS　　　　　　　　　B．MHz
　　C．MB　　　　　　　　　　D．Mbit/s

35．DVD-ROM 是一种（　　）。
　　A．只读型内存　　　　　　B．只读型光盘
　　C．只读型硬盘　　　　　　D．半导体存储器

36．U 盘是一种（　　）。
　　A．内存　　　　　　　　　B．只读型存储器
　　C．信息采集设备　　　　　D．移动存储设备

37．计算机的运算速度主要由（　　）指标决定。
　　A．CPU 制造工艺　　　　　B．硬盘容量
　　C．内存大小　　　　　　　D．CPU 主频

38．在微型计算机中，将 U 盘上的数据输入主机的过程，称为（　　）。
　　A．读盘　　　　　　　　　B．复制
　　C．写盘　　　　　　　　　D．调用

39. 下列有关"裸机"的说法中，正确的是（   ）。

   A．裸机是只有主机的计算机

   B．裸机是只有安装了操作系统的计算机

   C．裸机是没有安装任何软件的计算机

   D．裸机是能直接识别、执行机器语言程序的计算机

40. 下列选项中，不属于冯·诺依曼提出的是（   ）。

   A．存储程序控制

   B．计算机内部处理数据采用二进制

   C．电子元件采用晶体管

   D．计算机硬件由五大部件组成

1.4　使用 Windows 10 操作系统

【学习目标】

- 了解操作系统的基本概念及操作系统在计算机系统运行中的作用。
- 了解操作系统的特点和功能；熟练掌握启动/关闭计算机系统的方法。
- 了解操作系统图形界面的对象，熟练使用鼠标完成对窗口、菜单、工具栏、任务栏、对话框的操作；了解快捷键和快捷菜单的使用方法。
- 了解常用中英文输入方法，熟练掌握中英文输入方法的切换；熟练使用一种中文输入法进行文本和常用符号的输入。
- 了解操作系统自带的常用程序的功能和使用方法，如记事本、画图、截图工具、录音机等；熟练掌握安装、卸载应用程序和驱动程序。

【思政目标】

- 了解中国国产操作系统，提高对高科技自主研发重要性的认识。
- 深刻理解中国创造的内涵，树立整体国家安全观。

第1章 信息技术应用基础

【知识梳理】

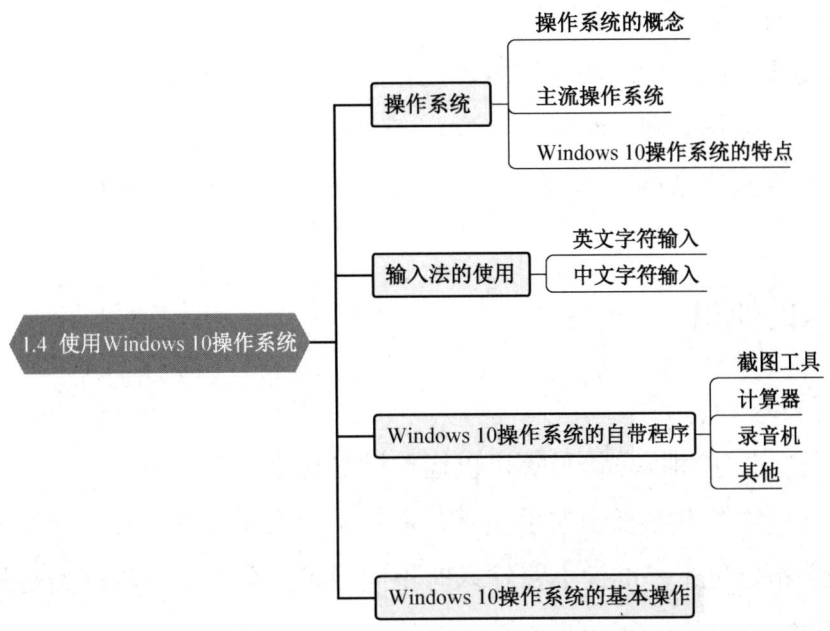

【知识要点】

一、操作系统

1. 操作系统的概念

（1）操作系统（Operating System，OS）是计算机最核心的系统软件，用于控制和管理计算机的系统资源。

（2）操作系统是用户与计算机之间通信的桥梁，用户通过操作系统提供的命令和交互功能实现各种访问计算机的操作。

2. 主流操作系统

主流操作系统及其特点如表1-4-1所示。

表1-4-1 主流操作系统及其特点

操作系统名称	特点
DOS	微软（Microsoft）公司早期开发的磁盘操作系统，它是一种单用户、单任务基于字符界面的操作系统
UNIX/Linux	UNIX是一种移植性好，可靠性和安全性高，支持多用户、多任务的操作系统；Linux是一种开源操作系统，由UNIX发展而来，它是一个性能稳定的多用户网络操作系统
macOS	苹果公司开发的基于图形用户界面的操作系统，广泛应用于平面出版和多媒体应用等领域
Android	谷歌（Google）公司开发的基于Linux平台的开源手机操作系统，该平台由操作系统、中间件、用户界面和应用软件组成
Windows	微软公司开发的基于图形用户界面的桌面操作系统，因其界面友好，操作方便，已成为装机普及率最高的一种操作系统

3. Windows 10 操作系统的特点

（1）采用图形用户界面，操作直观、简便。

（2）强大的搜索功能，可以快速搜索本地及互联网上的资源。

（3）多任务并行操作，同一时间允许执行多个应用程序。

（4）相比较低版本的 Windows 操作系统，Windows 10 操作系统更加快速、流畅。

（5）安全可靠。

二、输入法的使用

1. 英文字符输入

（1）英文字符、数字和标点符号等可以通过键盘直接输入。

（2）操作要领：键盘左半部由左手负责，右半部由右手负责，每个手指都有其对应的固定按键。输入前手指定位于基准键上，输入时不同手指按分工上下移动敲击相应的按键。

2. 中文字符输入

（1）常用中文输入：Windows 10 操作系统自带全拼、双拼、微软拼音等中文输入法，若需要使用其他中文输入法，如搜狗拼音输入法、极品五笔输入法等，则需要下载并安装相关程序。

（2）切换输入法：包括鼠标方式和键盘方式。使用组合键，可以快速切换输入法。

① Ctrl+Shift：用于在各种输入法之间循环切换。

② Ctrl+空格：用于中/英文输入法切换。

③ Shit+空格：用于半角/全角切换。

④ Ctrl+.：用于中/英标点符号的切换。

三、Windows 10 操作系统的自带程序

Windows 10 操作系统自带了很多简单实用的程序，大部分都集中在"附件"中，如画图、记事本、写字板、计算器、录音机、截图工具及各种系统工具。

四、Windows 10 操作系统的基本操作

1. 窗口

（1）双击桌面上的"计算机"图标，弹出"计算机"窗口，窗口具有通用性，窗口由标题栏、菜单栏、工具栏、状态栏、滚动条等组成。

（2）基本操作包括：改变窗口大小、切换窗口、多窗口排列、关闭窗口。

2. 对话框

（1）对话框是一类特殊的窗口，是人机交互的界面。当计算机在执行某种操作的过程中，需要与人进行沟通才能继续操作时，便会通过对话框让用户输入信息或选择选项等。

（2）对话框的组成：选项卡、文本框、复选框、命令按钮和列表框等。

（3）窗口和对话框的区别。

① 窗口一般有菜单栏、工具栏、状态栏、"最大化"按钮、"最小化"按钮等组件，而对话框只有"关闭"按钮。

② 窗口可以移动和改变大小，而对话框只能移动，不能改变大小。

③ 窗口可以多个并行操作，而同一个文档窗口中一次只能对一个对话框进行操作。

3. 菜单的使用

（1）菜单的分类：在 Windows 10 操作系统中，菜单的类型有"开始"菜单、级联菜单、下拉菜单、控制菜单和快捷菜单。

（2）菜单中一些特殊符号或显示效果的规定。

① 灰色选项：表示在当前状态下该选项不起作用，例如，没有选定对象，"粘贴"选项就呈灰色不可用。

② 省略号（…）：表示选择该选项后会弹出一个对话框。

③ 右三角号（>）：表示该选项含有下级子菜单或级联菜单。

④ 选择符（√）：表示该选项是一个逻辑开关，并且正处于被选中状态。

⑤ 快捷键：位于选项的最右侧，表示不用打开菜单直接按该快捷键即可执行相应功能。

⑥ 热键：位于选项的右侧（带有下画线的一个字母），表示在打开菜单的情况下按下该字母键可执行相应功能。

【基础练习】

1. 下列选项中，不属于操作系统软件的是（　　）。

    A．Android   B．WPS Office

    C．UNIX/Linux   D．Windows 10

2. 下列选项中，不属于 Windows 10 操作系统特点的是（　　）。

    A．采用图形窗口界面   B．多任务并行操作

    C．采用字符操作界面   D．具有强大的系统管理功能

3. 下列有关 Windows 10 操作系统功能的说法中，不正确的是（　　）。

    A．Windows 10 是重要的系统软件

    B．Windows 10 只能管理计算机文件

    C．Windows 10 管理计算机软件和硬件资源

    D．Windows 10 是用户与计算机之间通信的接口

4. 在 Windows 10 操作系统中打开一个程序是指（　　）。
   A．将程序从内存保存到外存
   B．将程序从外存调入 CPU 并运行
   C．将程序从内存调入 CPU 并运行
   D．将程序从外存调入内存并运行

5. 在 Windows 10 操作系统中，截取整个桌面的快捷键是（　　）。
   A．Scroll Lock   B．Ctrl+C
   C．Caps Lock   D．Print Screen

6. "画图"程序的主要功能不包括（　　）。
   A．添加图片特效   B．添加文字
   C．裁剪图片   D．导入数码照片

7. 若要在计算机中输入文字"中国春节"，下列可以实现的设备是（　　）。
   A．绘图仪   B．投影仪
   C．音箱   D．手写板

8. 下列文件格式中，不能用 OCR 软件打开的是（　　）。
   A．jpg   B．png
   C．avi   D．gif

9. Windows 10 操作系统自带的截图工具可以实现（　　）。
   A．把屏幕上显示的图片放大   B．把屏幕上显示的图片缩小
   C．获取屏幕上的连续动态图像 D．获取屏幕上的静态图像

10. 下列文件中，不能利用"画图"程序打开的是（　　）。
    A．xysp.jpg   B．xysp.docx
    C．xysp.bmp   D．xysp.png

11. 在 Windows 10 操作系统中，自带的获取图像素材的程序是（　　）。
    A．记事本   B．录音机
    C．截图工具   D．写字板

12. 用 Windows 10 操作系统自带的"画图"程序制作的文件，其默认的格式是（　　）。
    A．png   B．pdf
    C．wmf   D．jpg

13. 双击桌面上的对象图标，可以（　　）。
    A．打开对象   B．选中对象
    C．弹出快捷菜单   D．最大化窗口

14．记事本默认的文件格式是（   ）。

   A．rtf   B．txt
   C．docx   D．pptx

15．关于 Windows 10 操作系统自带的"录音机"程序，下列描述中错误的是（   ）。

   A．可以采集声音   B．可以编辑声音
   C．保存的默认格式是 wma   D．录音前必须连接好麦克风

16．Windows 10 操作系统属于（   ）操作系统。

   A．单任务、字符界面   B．多任务、字符界面
   C．单任务、图形用户界面   D．多任务、图形用户界面

17．下列关于"窗口"和"对话框"区别的说法中，不正确的是（   ）。

   A．在同一个文档窗口中只能打开一个对话框
   B．对话框的大小可以改变
   C．窗口和对话框都具有"关闭"按钮
   D．窗口的大小可以改变

18．想要关闭 Windows 10 操作系统中的活动窗口，可以按（   ）组合键。

   A．Ctrl+F4   B．Alt+F4
   C．Ctrl+Shift   D．Alt+Shift

19．在 Windows 10 操作系统中，下列操作不能通过任务栏实现的是（   ）。

   A．删除   B．改变大小
   C．移动   D．隐藏

20．在 Windows 10 操作系统中，任务栏不能被移动到屏幕的（   ）。

   A．中间   B．顶部
   C．最左侧   D．最右侧

1.5　管理信息资源

【学习目标】

- 了解文件、文件夹的概念和作用及常用文件的类型。
- 熟练掌握使用"资源管理器"对文件与文件夹管理的操作方法。
- 熟练掌握使用压缩软件对信息资源进行压缩、加密和备份的方法。

信息技术学习指导与练习

【思政目标】

- 自主探究、团结协作。
- 规范操作，强化技能。

【知识梳理】

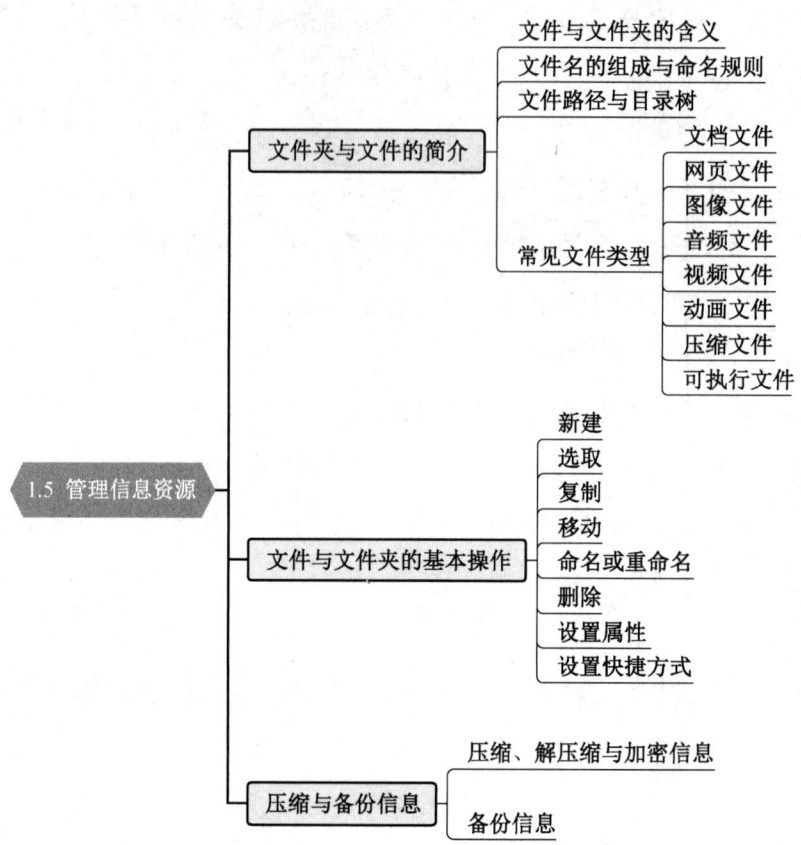

【知识要点】

一、文件与文件夹的简介

1. 文件与文件夹的含义

文件是由一组内容相关的信息组成的一个集合，文件是计算机处理信息的基本单位。文件夹是磁盘上一块用于存储文件的区域。文件夹用于组织管理文件。

2. 文件名的组成与命名规则

（1）每个文件都有文件名，系统通过文件名对文件进行标识和组织管理。文件名通常由主文件名和扩展名两部分构成。

（2）文件名由汉字、字母、数字和一些特殊符号组成，最长可使用 255 个字符。

（3）文件名可以使用多个"."间隔符，最后一个间隔符后的字符一般被认定为扩展名。

（4）文件名中允许使用空格，但不允许使用下列英文半角字符：< > / \ | : " * ?。

（5）在查询文件时可使用通配符"*"和"?"，其中"?"表示任意一个字符，"*"表示任意多个字符。

（6）文件名中允许使用大小写字母。Windows 操作系统显示大小写字符，但是管理文件时不区分大小写；UNIX、Linux 等操作系统管理文件时需要区分文件名的大小写。

3. 文件路径与目录树

文件路径是指文件存放的位置，文件在本机上的路径格式是"盘符:\文件夹名\文件名"。

文件一般存储在文件夹中，文件夹像一个容器，将文件分类管理。文件夹中还可以再建子文件夹，文件夹的这种多级层次的结构，称为目录树。

4. 常见文件类型

常见文件类型如表 1-5-1 所示。

表 1-5-1　常见文件类型

类型	扩展名	说明
文档文件	txt	纯文本文件格式，只保存文本，不保存格式设置，常用于保存程序源代码等，一般文字编辑软件都能打开该格式文件
	rtf	多文本格式，是由微软公司开发的跨平台文档格式，可以设置文本和段落格式，插入图片、Excel 图表、公式等，称得上简化版 Word
	doc/docx	Microsoft Word 文档格式，用于图文排版
	wps	wps 文字文档使用的格式，用于图文排版
	pdf	便携式文档格式，可跨平台，能保留文件原有格式
网页文件	htm/html	超文本标记语言编写生成的文件格式，属于网页文件
图像文件	psd/bmp/jpg/jpeg/gif/png/tif/wmf/cdr/ai	png 文件格式支持无损压缩，存储形式丰富；bmp 是 Windows 操作系统中的标准位图文件格式；jpg/jpeg 是一种高效率的有损压缩格式；wmf 是 Windows 操作系统中的图元文件格式，体积极小，功能强大；tif 是图形交换文件格式，采用无损压缩
音频文件	wav/mp3/wma/ape/ra/mid/aac/au/cda	适用所有类型的操作系统，wav 是波形文件格式，是实际声音的采样和编码；mp3 是目前最为普及的音频文件格式，使用 mp3 音频压缩编码；wma 是微软公司推出的一种音频格式，压缩比和音质都超过了 mp3 格式；mid 是电子合成音频文件格式
视频文件	avi/mp4/mov/mpg/mpeg/flv/wmv/mkv/vob/rm	适用于所有类型的操作系统
动画文件	fla/swf/gif/flc/ma/max/mb	fla 是 Flash 动画源文件格式，保留图层，可以编辑、修改；swf 是 Flash 动画文件格式，支持二维矢量动画标准；mb 是三维动画制作软件 Maya 的源文件格式；max 是三维动画制作软件 3ds Max 的源文件格式
压缩文件	rar/zip/7z/tar/gz/z	WinRAR 压缩生成 rar 文件格式，Winzip 压缩生成 zip 文件格式，7-Zip 压缩生成 7z 格式；tar 是 Linux 操作系统的压缩文件格式；z/gz 是 UNIX、Linux 操作系统的压缩文件格式
可执行文件	exe/com/apk/ipa	exe/com 是 Windows 操作系统下的可执行文件格式，apk 是安卓操作系统下的可执行文件格式；ipa 是 iOS 操作系统下的可执行文件格式

二、文件与文件夹的基本操作

1. 新建文件夹和文件

打开资源管理器，进入某个目录，右击窗格空白处，在弹出的快捷菜单中选择"新建"→"文件夹"选项，输入文件夹名称，按回车键或单击其他空白处即可完成文件夹的创建。新建文件的方法与新建文件夹的方法类似。另外，各类文件还可以在对应的应用程序中新建。

2. 选取文件或文件夹

单击或拖曳鼠标可对文件进行单选或多选；使用"Ctrl+A"组合键可选择全部文件；按住"Ctrl"键，单击文件，可以选中多个文件或取消已选择的文件；按住"Shift"键选中头尾两个文件，即可以选中连续多个文件。

3. 复制、移动文件或文件夹

复制是指原来位置上的文件或文件夹保持不变，将其复制一份到另一个目标文件夹中；移动是指将原来位置上的文件和文件夹搬到另一个目标文件夹中，原位置不再有这个文件和文件夹。

方法1：使用资源管理器"主页"选项卡下"组织"功能区中的相关按钮实现复制或移动。

方法2：使用右击打开的快捷菜单选项，"复制"+"粘贴"选项进行复制，"剪切"+"粘贴"选项进行移动。

方法3：使用"Ctrl+C"组合键复制，"Ctrl+V"组合键粘贴，实现"复制"功能；使用"Ctrl+X"组合键剪切，"Ctrl+V"组合键粘贴，实现"移动"功能。

方法4：选中并拖曳对象实现移动；按住"Ctrl"键，选中需要复制的文件或文件夹，拖曳对象至目标文件夹中即可实现复制。

4. 命名或重命名文件或文件夹

右击需要重命名的文件或文件夹，在弹出的快捷菜单中选择"重命名"选项，输入新的文件名后按回车键即可。

重命名需要保证以下两点，否则无法完成操作：重命名的文件或文件夹处于关闭状态；新的文件名与当前文件夹中的同类文件名不重复。

5. 删除文件或文件夹

右击要删除的文件或文件夹，在弹出的快捷菜单中选择"删除"选项即可完成删除，或者选中要删除的文件或文件夹后按"Delete"键完成删除。

此类删除并非物理性的删除，而是将删除的文件或文件夹移至回收站，可以在回收站中恢复删除的文件或文件夹。想要彻底删除，可以进行"清空回收站"操作。

6. 设置文件或文件夹的属性

右击要设置的文件或文件夹，在弹出快捷菜单中选择"属性"选项，在弹出对话框中可以设置"只读""隐藏"等属性。

7. 设置文件或文件夹的快捷方式

右击要设置的文件或文件夹，在弹出快捷菜单中选择"创建快捷方式"选项或"发送到"→"桌面快捷方式"选项，可以为文件或文件夹创建快捷方式。

三、压缩与备份信息

1. 压缩、解压缩与加密信息

为了减少信息所占的存储空间，提高存储器的利用率，缩短信息在网络中传输的时间，可以使用压缩工具把大容量文件变小。常用的压缩工具软件有 WinRAR、WinZip、好压、7-Zip、360 压缩等。为了信息的安全，在压缩的同时可以对文件和文件夹进行加密。

以 WinRAR 为例，右击要压缩的文件或文件夹，在弹出的快捷菜单中选择"添加到压缩文件"选项，在弹出的"压缩文件名和参数"对话框中可以对压缩文件名、路径和密码进行设置。解压缩文件时，右击压缩文件，在弹出的快捷菜单选择"解压文件"选项进行解压，也可以通过双击需要解压的文件进行解压。

2. 备份信息

备份是将一些重要的文档或整个信息系统的数据进行自动复制，以便在出现故障或不慎删除时，可以及时恢复数据。备份一般有本机备份和云备份两种方式。

Windows 10 操作系统自带的备份功能是以本机备份的方式实现的，它还可以将指定文件或文件夹进行自动备份到硬盘或外存储器上。

【基础练习】

一、选择题

1. 下列选项中，符合文件名命名规则的是（　　）。
   A．<file>.html　　　　　　　B．Info_12.11.TXT
   C．abc\ef.exe　　　　　　　D．abC?8.JPG

2. 下列文件中，不属于图像文件的是（　　）。
   A．ab.bmp　　　　　　　　B．ab.png
   C．ab.gif　　　　　　　　　D．ab.mp3

3. "ww.mpeg"文件是（　　）类型的文件。
   A．视频　　　　　　　　　　B．音频

C. 图像　　　　　　　　　　D. 文本

4. 通过扩展名，可以知道文件的（　　）。

　　A. 大小　　　　　　　　　　B. 类型
　　C. 名字　　　　　　　　　　D. 路径

5. 小新要在计算机上查看学习资料，但是忘记了资料的存放位置，只记得资料文件名的第一个和第三个字符分别为"s"和"n"，则小新应该在搜索框中输入（　　）进行查找。

　　A. s?n*.*　　　　　　　　　B. *s*n*.*
　　C. ?s?N.*　　　　　　　　　D. s*n*.?

6. 小霞把"数学练习.docx"文档存放在 D 盘的 math 文件夹中，下列选项中，正确表示文件路径的是（　　）。

　　A. D:/math\\上机练习数学练习.docx

　　B. D\math/数学练习.docx

　　C. D:\math\数学练习.docx

　　D. D:\\math\\数学练习.docx

7. 下列选项中，没有扩展名的是（　　）。

　　A. 音频文件　　　　　　　　B. 文件夹
　　C. 图像文件　　　　　　　　D. 压缩文件

8. 下列关于删除文件的说法中，错误的是（　　）。

　　A. 通过右击选中"删除"选项，是将选中文件删除到回收站

　　B. 通过"Shift+Delete"组合键，可以将文件永久性删除

　　C. 通过右击选中"删除"选项，是将选中文件永久性删除

　　D. 可以将误删除的文件从回收站中还原

9. 在 Windows 10 操作系统中，文件夹是磁盘上一块用于存储文件的区域，可以组织管理文件，它采用的组织结构是（　　）。

　　A. 树形结构　　　　　　　　B. 表格结构
　　C. 网状结构　　　　　　　　D. 环形结构

10. 小华想把编写完成的"学习计划.wps"文档设置为"只读"属性，可以通过选中文档后（　　）。

　　A. 双击鼠标左键设置　　　　B. 单击鼠标左键设置
　　C. 单击鼠标右键设置　　　　C. 按住鼠标左键设置

11. 在 Windows 操作系统中，下列选项中的文件不能存放在同一文件夹下的是（　　）。

　　A. ab.bmp 和 ab.png　　　　B. App.txt 和 app.txt

C．test.py 和 hi.html　　　　　D．we.docx 和 we.mp3

12．小新对6个不同的文件依次进行了复制操作，最后执行粘贴操作，则（　　）。

A．粘贴第一个复制的文件　　　B．粘贴全部文件

C．没有粘贴任何文件　　　　　D．粘贴最后一个复制的文件

13．（　　）键可用于选中多个不连续的文件。

A．Ctrl　　　　　　　　　　　B．Alt

C．Tab　　　　　　　　　　　 D．Shift

14．下列软件中，不属于压缩软件的是（　　）。

A．WinRAR　　　　　　　　　B．ACDSee

C．7-Zip　　　　　　　　　　 D．WinZip

15．在Windows资源管理器中，将D盘的文件复制到U盘，操作错误的是（　　）。

A．使用"Ctrl+C"和"Ctrl+V"组合键

B．将文件直接从D盘拖曳到U盘

C．按住"Ctrl"键同时将文件从D盘拖曳到U盘

D．使用"Ctrl+X"和"Ctrl+V"组合键

16．下列关于文件压缩的说法中，错误的是（　　）。

A．文件压缩分为有损压缩和无损压缩

B．JPEG是一种无损压缩的标准

C．无损压缩的文件可以完全恢复到压缩前的状态

D．WinRAR是无损压缩软件

17．对文件执行复制操作后，下列发生改变的是（　　）。

A．剪切板　　　　　　　　　　B．文件名

C．文件的内容　　　　　　　　D．文件类型

18．下列说法错误的是（　　）。

A．删除文件夹后，该文件夹中的文件将被全部删除

B．当一个文件被更名后，不会改变文件的内容和属性

C．移动文件后文件将从原来的位置消失，同时出现在目标位置

D．在系统默认情况下，删除文件或文件夹，是将其永久性删除

19．将E盘中文件夹1中的"lianxi.pdf"文件拖曳到E盘中的文件夹2中，则下列说法中正确的是（　　）。

A．文件夹1中不存在"lianxi.pdf"文件

B．"lianxi.pdf"文件的内容被改变

C．文件夹 2 中不存在"lianxi.pdf"文件

D．"lianxi.pdf"文件名被改变

20．下列文件中，可以用"画图"程序打开的是（　　）。

A．cat.png　　　　　　　　B．ab.exe

C．cc.wav　　　　　　　　D．dog.avi

二、操作题

1．按要求完成以下操作，操作顺序不可调换。

（1）在桌面创建名为"会考"的文件夹。

（2）打开上面创建的文件夹，在其中分别创建"理论"与"上机"两个子文件夹。

（3）在"理论"文件夹中，分别创建"会考纲要"的文本文档和"App.txt"文件，并设置"App.txt"文件为"隐藏"和"存档"的属性。

（4）打开"会考纲要"文本文档，在第一行输入"会考知识点汇总！"并保存。

（5）在"理论"文件夹中，创建"computer.html"文件，并设置"只读"属性。

（6）将"Desktop\会考\理论\会考纲要.txt"文件复制到"Desktop\会考\上机"文件夹中。

（7）将"Desktop\会考\理论"文件夹中的"App.txt"和"computer.html"文件移动到"Desktop\会考\上机"文件夹中。

（8）将"Desktop\会考\上机\会考纲要.txt"文件改名为"大纲.txt"。

（9）删除"Desktop\会考\理论"文件夹中的"会考纲要.txt"文件。

（10）为"Desktop\会考\上机"文件夹中名为"大纲.txt"的文件创建桌面快捷方式。

（11）将"Desktop\会考\上机"文件夹中的"App.txt"和"大纲.txt"两个文件进行压缩，压缩后文件名为"考试.rar"，设置密码为"1234"，保存在"Desktop\会考\理论"文件夹中。

（12）对"Desktop\会考\理论"文件夹中的"考试.rar"进行解压，解压到目标位置"Desktop\会考\理论"文件夹中。

2．按要求完成以下操作。

（1）在 D 盘创建一个名为"学科"的文件夹。

（2）在"学科"文件夹中创建名为"语文""英语""数学"的三个文件夹。

（3）在"学科"文件夹中创建一个名为"test.docx"的文档，打开并在第一行输入"小测知识要点！"，保存后关闭"test.docx"文件。

（4）在"学科"文件夹中创建名为"score.txt"的文本文件。

（5）在"数学"文件夹中创建一个名为"temp.bmp"的图像文件。

（6）将"学科"文件夹中的"test.docx"文件复制到"英语"文件夹中，并设置"只读"

属性。

(7) 将"学科"文件夹中的"score.txt"文件移动到"语文"文件夹中。

(8) 将"英语"文件夹中的"test.docx"文件更名为"en.docx",并为其创建桌面快捷方式。

(9) 将"英语"文件夹进行压缩,压缩文件名为"yingyu.rar",保存在"学科"文件夹中。

3. 打开"素材\1.5.1"文件夹,按要求完成以下操作。

(1) 在"素材\1.5.1"文件夹中创建名为"HELLO.txt"的文本文件,打开并在第一行输入"Hello World!",保存后关闭。

(2) 将"素材\1.5.1"文件夹中的文件夹"kks"文件重命名为"kksp"。

(3) 删除"素材\1.5.1"文件夹中的"exp"文件夹和"read.xls"文件。

(4) 将"素材\1.5.1"文件夹中的"book.doc"文件和"girle.xlsx"文件复制到"com"文件夹下。

(5) 将"素材\1.5.1\edu"文件夹中的"abc.txt"文件移动到"素材\1.5.1\jobs"文件夹中。

(6) 为"素材\1.5.1"文件夹中的"mdd"文件夹创建桌面快捷方式。

(7) 将"素材\1.5.1"文件夹中的"log.rar"文件解压到"素材\1.5.1\log"文件夹中。

4. 打开"素材\1.5.2"文件夹,按要求完成以下操作。

(1) 在"素材\1.5.2"文件夹中创建名为"MOC"的文件夹。

(2) 删除"素材\1.5.2\TEE\YSK"文件夹中的"WEE.pptx"的文件。

(3) 将"素材\1.5.2\ME"文件夹中的"AND.txt"文件设置为"隐藏"属性。

(4) 将"素材\1.5.2\ME"文件夹中的"APT.txt"文件重命名为"DOC1.docx"。

(5) 取消"素材\1.5.2\mok"文件夹中的"map.wps"文件的"只读"属性。

(6) 将"素材\1.5.2"文件夹中的"aa.xlsx"文件和"KS.xlsx"文件移动到"素材\1.5.2\EXCEL"文件夹中。

(7) 将"素材\1.5.2"文件夹中的"TS"文件夹进行压缩,压缩文件名为"TS.rar",保存到"素材\1.5.2"文件夹中。

5. 打开"素材\1.5.3"文件夹,按要求完成以下操作。

(1) 在"素材\1.5.3"文件夹中分别创建名为"团体赛"和"个人赛"的两个文件夹。

(2) 将"素材\1.5.3"文件夹中的"rtg.doc"文件复制到"素材\1.5.3\host"文件夹中。

(3) 将"素材\1.5.3"文件夹中的"kstest.txt"文件重命名为"比赛规则.txt"。

(4) 删除"素材\1.5.3"文件夹中的"三年级"文件夹。

(5) 为"素材\1.5.3\snace"文件夹中的"poc.xls"文件创建桌面快捷方式。

(6) 将"素材\1.5.3\二年级"文件夹中的"cc"文件夹移动到"素材\1.5.3\一年级"文件

夹中。

（7）将"素材\1.5.3"文件夹中的"host"文件夹设置为"隐藏"属性。

（8）将"素材\1.5.3"文件夹中的"运动会报名"文件夹压缩为"报名.rar"保存到"素材\1.5.3"文件夹中。

1.6 维护信息系统

【学习目标】

- 了解计算机和移动终端等信息技术设备的安全设置。
- 了解用户管理及权限设置。
- 了解使用"帮助"等工具解决信息技术设备及系统使用中遇到的问题。

【思政目标】

- 树立安全规范的信息社会责任意识。
- 强化科技意识，培养工匠精神。

【知识梳理】

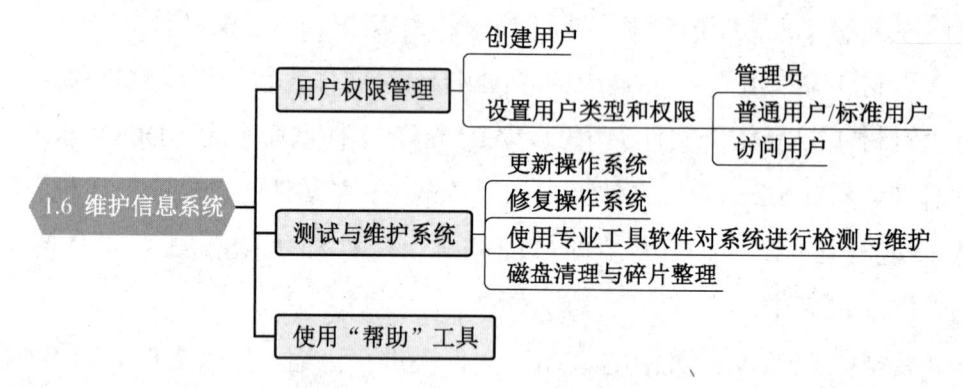

```
                        ┌─ 创建用户
            ┌─ 用户权限管理 ─┤                    ┌─ 管理员
            │               └─ 设置用户类型和权限 ─┼─ 普通用户/标准用户
1.6 维护信息系统 ┤                                 └─ 访问用户
            │               ┌─ 更新操作系统
            ├─ 测试与维护系统 ┼─ 修复操作系统
            │               ├─ 使用专业工具软件对系统进行检测与维护
            │               └─ 磁盘清理与碎片整理
            └─ 使用"帮助"工具
```

【知识要点】

一、用户权限管理

1. 创建用户

在 Windows 10 操作系统中，可以创建多个用户，并分配不同的权限以达到不同用户访问不同资源的目的。要想创建一个新用户，可以在系统的"设置"→"账户"→"家庭和其他人员"界面中单击"将其他人添加到这台电脑"按钮，在打开的"Microsoft 账户"界面中单击"我没有这个人的登录信息"→"添加一个没有 Microsoft 账户的用户"按钮，输入用户名和密码（注意密码需要重复输入一次），并按提示输入其他信息，单击"下一步"按钮，即可创建一个新的本地用户。

2. 设置用户类型和权限

用户类型包括管理员、普通用户（标准用户）和访问用户等。

（1）管理员：管理员拥有操作系统最高级别的权限，登录管理员账户后既可以更改其他用户的权限，也可以在操作系统中进行任意操作并查看所有信息。在操作系统安装过程中创建的第一个用户一般都是具有管理员权限的用户，操作系统中至少要有一个管理员。

（2）普通用户（标准用户）：普通用户适用于日常信息处理，未经授权不能进行系统的更改（如安装、卸载应用程序等），也不能查看其他用户的信息。

（3）访问用户：访问用户的权限最低，大部分操作只有在管理员赋予权限后才能进行。

二、检测与维护系统

操作系统需要定期更新并修复漏洞或完善功能，以保证系统的稳定性和安全性。主流的操作系统一般都自带更新工具，既可以通过联网选择自动或手动进行操作系统的更新，也可以使用第三方管理工具软件进行更新。

可以通过对操作系统进行检测来了解信息技术设备的性能指标和运行状态，当操作系统出现问题时，需要采取对应的维护措施。现在有很多用于系统维护和检测的工具软件，如Windows 操作系统下的电脑管家、360 安全卫士和鲁大师，Linux 操作系统下的 Stacer, Android 操作系统下的手机管家和手机卫士，以及专门用于检测 CPU 的 CPU-Z 和检测显卡的 GPU-Z 等。

1. 更新操作系统

在 Windows 10 操作系统中，进入"设置"→"更新和安全"→"Windows 更新"界面，单击"检查更新"按钮，可下载并安装操作系统的更新文件，并在该界面中查看更新历史记录，进行更新的相关设置。

2. 修复操作系统

可以通过多种方式来修复操作系统，如使用操作系统自带的工具，以及专用的修复工具，如果上述两种方式都不奏效，那么可以重装操作系统进行修复。在 Windows 10 操作系统中，进入"设置"→"更新和安全"→"恢复"界面，单击"开始"按钮，可重置操作系统，完成修复。

3. 使用工具软件进行系统的检测与维护

可以使用电脑管家、360 安全卫士和鲁大师等工具软件对系统进行检测与维护。

4. 磁盘清理与碎片整理

（1）磁盘清理：磁盘清理的目的是清理磁盘中不需要的文件，释放磁盘空间。磁盘清理工作包括删除 Internet 临时文件、清空回收站、删除不再使用的已安装组件和程序等。

（2）碎片整理：磁盘碎片是由于反复地对磁盘进行写入和删除操作，导致文件不能储存在连续的区域里而产生的。当再读写文件时就需要到不同的存储区域去读写，增加了磁头的移动时间，降低了磁盘的访问速度。所以需要通过碎片整理将碎片合并，以达到提升计算机整体性能和运行速度的目的。

三、使用"帮助"工具

在使用信息技术设备与操作系统的过程中，难免会遇到问题，这时候首先应想到通过"帮助"工具来解决问题。"帮助"工具的呈现方式有很多种，如应用程序自带的"帮助"功能、文档式的"帮助"手册，还有和网络信息查询整合在一起的"帮助"网站。

【基础练习】

1. Windows 操作系统的用户类型不包括（　　）。
   A．普通用户（标准用户）　　B．来宾用户
   C．管理员　　　　　　　　　D．临时用户

2. 下列工具中，不能用于 Windows 操作系统维护和检测的是（　　）。
   A．360 安全卫士　　　　　　B．鲁大师
   C．电脑管家　　　　　　　　D．Stacer

3. 下列操作中，不属于修复 Windows 操作系统的是（　　）。
   A．使用 360 安全卫士进行系统修复
   B．重装操作系统
   C．使用自带恢复功能
   D．格式化系统盘

4. 磁盘清理的目的不包括（　　）。
   A．释放磁盘空间　　　　　　B．清理磁盘中不需要的文件
   C．修复漏洞　　　　　　　　D．提升系统运行速度

5. 磁盘清理工作不包括（　　）。
   A．清空回收站　　　　　　　B．重命名文件夹
   C．删除互联网临时文件　　　D．删除不再使用的已安装组件和程序

6. 在 Windows 操作系统中拥有最高用户权限的是（　　）。

   A．访问用户　　　　　　　　B．大师用户

   C．管理员　　　　　　　　　D．标准用户

7. 下列选项中，不属于设备"帮助"工具呈现方式的是（　　）。

   A．整合了网络信息查询的"帮助"网站

   B．文档式"帮助"手册

   C．程序自带的"帮助"功能

   D．WPS Office 应用程序

8. 下列选项中，不属于计算机网络病毒防范措施的是（　　）。

   A．构建防火墙和防毒墙　　　B．访问控制与身份验证

   C．安装杀毒软件　　　　　　D．降低网速

9. 打开"Windows 帮助和支持"窗口的方法不包括（　　）。

   A．通过"开始"菜单右侧的"帮助和支持"按钮

   B．在"开始"菜单搜索框中输入"帮助"

   C．通过浏览器搜索

   D．按"Win+F1"组合键

10. 下列选项中，无法在"磁盘属性"选项卡中查看的是（　　）。

    A．磁盘类型　　　　　　　　B．磁盘卷标

    C．格式化　　　　　　　　　D．磁盘容量

11. 专门用于检测 CPU 的软件是（　　）。

    A．GPU-Z　　　　　　　　　B．PowerPoint

    C．CPU-Z　　　　　　　　　D．Stacer

12. 操作系统安装过程中创建的第一个用户一般是（　　）。

    A．超级管理员　　　　　　　B．管理员

    C．访问用户　　　　　　　　D．普通用户

13. 设置不同用户权限的目的不包括（　　）。

    A．保证系统不被破坏

    B．保证设置不被修改

    C．保证每个用户的文件相对独立

    D．扩大内存

14. 下列关于系统更新的说法中，不正确的是（　　）。

    A. 系统需要定期更新

    B. 系统只能手动进行更新

    C. 可以使用第三方软件进行更新

    D. 系统更新有利于系统安全

15. 下列关于修复操作系统的说法中，不正确的是（　　）。

    A. 操作系统有自带的工具可以进行修复

    B. 重装操作系统可以修复系统

    C. 操作系统设置里的恢复功能无法修复操作系统

    D. 可使用第三方软件进行修复

16. 导致系统运行速度变慢的原因不包括（　　）。

    A. 对磁盘进行反复写入和删除操作

    B. 磁盘剩余空间不足

    C. 磁盘存在较多不连续的存储块

    D. 网络太慢

17. 下列关于 Stacer 的说法中，正确的是（　　）。

    A. 这是 Linux 操作系统下的系统维护和检测工具

    B. 这是 Android 操作系统下的系统维护和检测工具

    C. 这是专门用于测试显卡性能的工具

    D. 这是专门用于测试硬盘性能的工具

18. 下列操作中，可以提高系统安全性的是（　　）。

    A. 设置账号和密码　　　　B. 设置并开启系统防火墙

    B. 及时维护和更新操作系统　　D. 以上均可

19. 在 Windows 操作系统中，不可以用来管理已安装软件的工具是（　　）。

    A. 360 安全卫士　　　　B. 电脑管家

    C. 系统自带的程序管理功能　　D. 驱动大师

20. 在信息资源管理中，维护和备份信息的主要目的是（　　）。

    A. 优化系统性能

    B. 挖掘设备潜力

    C. 当出现安全问题时，可以及时恢复信息

    D. 方便获取信息

第 2 章　网络应用

2.1　认识网络

【学习目标】

- 掌握计算机网络的概念、功能及应用。
- 了解计算机网络的产生、发展与分类。
- 了解网络体系结构。
- 了解 TCP/IP 协议、IP 地址的相关知识。
- 了解局域网的拓扑结构类型。

【思政目标】

- 增强学生对国家发展进步的认同感。
- 遵纪守法、诚实守信。

【知识梳理】

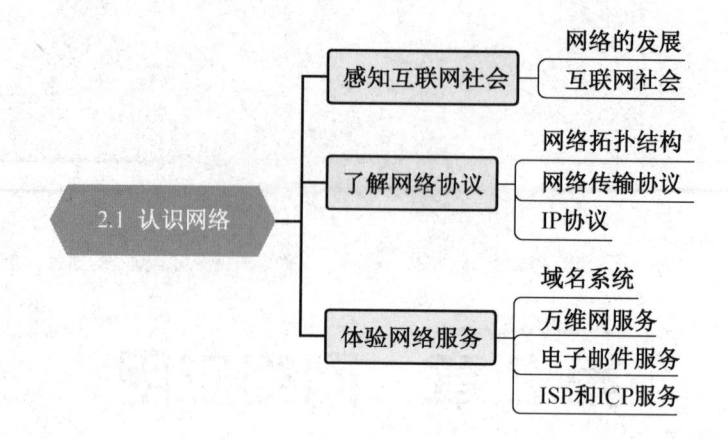

```
                              ┌─ 感知互联网社会 ─┬─ 网络的发展
                              │                └─ 互联网社会
                              │
                              │                ┌─ 网络拓扑结构
2.1 认识网络 ─────────────────┼─ 了解网络协议 ─┼─ 网络传输协议
                              │                └─ IP协议
                              │
                              │                ┌─ 域名系统
                              │                ├─ 万维网服务
                              └─ 体验网络服务 ─┼─ 电子邮件服务
                                               └─ ISP和ICP服务
```

【知识要点】

一、感知互联网社会

1. 网络的发展

（1）网络。

常说的网络即计算机网络，由一系列通信设备相互连接而成。网络中的设备既可以是一台主机（终端设备），也可以是连接设备，这些设备通过有线或无线的方式互相连接。

（2）网络的发展。

网络的发展经历了面向终端的联机、面向多主机的网络（局域网）、网络互联（广域网）、高速网络（计算机网络实现综合化和高速化）这四个阶段。

Internet 是最典型的基于 TCP/IP 协议的互联网络，又称互联网，它是由成千上万个互联的网络组成的全球性网络，汇聚了海量的信息资源。Internet 的前身是 ARPAnet。

2. 互联网社会

"互联网+"理念简明扼要地描绘了从现实世界向虚拟的网络世界变迁，以及两个"世界"融合发展的场景。

（1）生产方式的转变：在互联网时代根据订单生产已成为常态，各种企业信息管理系统有效地降低了企业的库存积压，降低了产品滞销的风险，提高了企业的生产与管理效率，企业的生产链和供应链日趋网络化。

（2）商业模式的转变：电子商务的兴起，对传统的商业模式形成挑战，B2B、B2C、C2C等电商模式，在高效的物流系统支持下，改变了生产、销售模式和人们的消费习惯。

（3）工作模式的转变：在人们的日常工作中，随处可见基于互联网的各类应用和平台，利用网络进行远程办公、远程会议等突破了传统的地理位置的限制，单位内部的各类智能化管理工具和平台为重构和优化业务流程提供了支持，提高了工作效率。

（4）社交方式的转变：互联网时代的社交除熟人社交外，还可以实现陌生人社交，如网络社区、群组等，已经把传统社会的人际关系扩展到了网络空间。

二、了解网络协议

1. 网络拓扑结构

网络的基本拓扑结构可以归结为总线型、环形和星形三类，它们的综合应用形成网络拓扑结构。

2. 网络传输协议

数据在网络中传输，必须遵守一定的规则和约定，也就是网络传输协议。

国际标准化组织提出的开放系统互联（OSI）七层参考模型，是网络体系结构的标准参考模型，为网络硬件、软件、协议、存取控制和拓扑提供标准。与互联网发展密切相关的是TCP/IP 协议（传输控制协议/网际协议）模型，TCP/IP 协议是在互联网上使用最广泛的网络传输协议。

3. IP 地址

接入网络的主机都必须有一个 IP 地址，用于代表自己在网络中的身份。尽管 IPv6 也已开始使用，但 IPv4 仍然是当前普遍使用的互联网协议。在 IPv4 中，从形式上看，IP 地址由用"."隔开的 4 个十进制数组成，但实际上，它是一个 32 位二进制数。

三、体验网络服务

1. 域名系统

利用域名系统（Domain Name System，DNS），用户可以用由字符组合而成的域名来映射相应的 IP 地址，更形象也更容易记忆。一个主机结点的域名由从该结点到根的所有结点的标记连接而成，中间以点分隔。最上层结点的域名称为顶级域名，分为地理顶级域名（如".cn"代表中国）或类别顶级域名（如".edu"代表政府机构）。

只要主机在域名系统中进行了登记，用户就可以通过域名查询到对应的 IP 地址，也可以通过 IP 地址查询到对应的域名。

2. 万维网服务

为了解决信息资源的共享问题，万维网（World Wide Web，WWW）的开发者制订了一套标准的、容易被用户掌握的超文本标记语言（Hyper Text Markup Language，HTML）、信息资源的统一资源定位器（Uniform Resource Locator，URL）和超文本传输协议（Hyper Text Transfer Protocol，HTTP），采用客户机/服务器工作模式，成功实现了互联网上信息资源的共享、传输、访问。

3. 电子邮件服务

邮件传输协议（Simple Mail Transfer Protocol，SMTP），将电子邮件（E-mail）传送到发送端的电子邮件服务器上。SMTP 服务器指遵循 SMTP 协议的发送邮件服务器，用来发送或中转用户发出的电子邮件。

POP3（Post Office Protocol 3）即邮局协议的第 3 个版本，它是规定个人计算机如何连接互联网上的邮件服务器进行收发电子邮件的协议。POP3 服务器指遵循 POP3 协议的接收邮件服务器，用来接收电子邮件。

IMAP4（Internet Message Access Protocol 4）是互联网信息访问协议的第 4 个版本，与 POP3 协议一样，也是规定访问互联网上的邮件服务器进行收发邮件的协议，但是 IMAP4 协议比 POP3 协议的功能更强。IMAP4 协议无须像 POP3 协议那样把邮件下载到本地，用户可以通过客户端直接对服务器上的邮件进行操作。

4. ISP 和 ICP 服务

ISP（Internet Service Provider）指互联网服务提供商，在我国主要由中国电信、中国移动、中国联通等大型企业提供面向公众的互联网接入服务。

ICP（Internet Content Provider）指互联网内容提供者，除百度、人民网等大型内容提供商外，专业机构、企事业单位和个人也可以通过互联网提供内容服务。

【基础练习】

1. Internet 的前身是（　　）。
   A．ARPAnet　　　　　　B．ChinaNet
   C．UNIX　　　　　　　D．CERNET

2. 下列域名系统中，表示教育机构的是（　　）。
   A．.com　　　　　　　B．.net
   C．.gov　　　　　　　D．.edu

3. 计算机网络是计算机技术与（　　）技术结合的产物。
   A．数控　　　　　　　B．通信
   C．电话　　　　　　　D．电子

4. 因中心节点出现故障而可能造成全网瘫痪的网络拓扑结构类型是（　　）。
   A．星形结构　　　　　B．总线型结构
   C．环形结构　　　　　D．树状结构

5. 计算机网络在逻辑上可以分为（　　）。
   A．通信子网与共享子网　　　　B．通信子网与资源子网
   C．主从网络与对等网络　　　　D．数据网络与多媒体网络

6. 在 OSI 的七层参考模型中，工作在第二层上的网间连接设备是（　　）。
   A．集线器　　　　　　　　　　B．路由器
   C．交换机　　　　　　　　　　D．网关

7. 在 TCP/IP（IPv4）协议下，每台主机设定一个唯一的（　　）位二进制数 IP 地址。
   A．16　　　　　　　　　　　　B．32
   C．64　　　　　　　　　　　　D．8

8. 利用 QQ 与网友互动属于计算机网络哪方面的应用？（　　）
   A．信息浏览　　　　　　　　　B．资源下载
   C．网络通信　　　　　　　　　D．协同处理

9. 物理层上信息传输的基本单位是（　　）。
   A．段　　　　　　　　　　　　B．位
   C．帧　　　　　　　　　　　　D．报文

10. 要给小张发送电子邮件，必须知道他的（　　）。
    A．电话号码　　　　　　　　　B．家庭地址
    C．姓名　　　　　　　　　　　D．E-mail 地址

11. 在互联网中，用于文件传输的协议是（　　）。
    A．HTML　　　　　　　　　　B．SMTP
    C．FTP　　　　　　　　　　　D．POP

12. 计算机互联的主要目的是（　　）。
    A．制定网络协议　　　　　　　B．将计算机技术与通信技术相结合
    C．集中计算　　　　　　　　　D．资源共享

13. 在我国，互联网又称为（　　）。
    A．邮电通信网　　　　　　　　B．数据通信网
    C．企业网　　　　　　　　　　D．因特网

14. 互联网属于（　　）。
    A．校园网　　　　　　　　　　B．局域网
    C．广域网　　　　　　　　　　D．专用用网

15. 网络中通信双方共同遵守的规则和约定称为（　　）。
    A．密码　　　　　　　　　　　B．验证码

C．网络模型　　　　　　　　D．协议

16．下列选项中，不属于互联网服务的是（　　）。
　　A．电子邮件　　　　　　　B．新闻讨论
　　C．文件传输　　　　　　　D．电商广播

17．计算机网络的IP地址分为（　　）类。
　　A．3　　　　　　　　　　　B．4
　　C．5　　　　　　　　　　　D．6

18．目前应用最广泛的网络是（　　）。
　　A．Novell　　　　　　　　B．Internet
　　C．ARPAnet　　　　　　　D．Intranet

19．下列关于计算机网络叙述中，正确的是（　　）。
　　A．受地理约束
　　B．不能实现资源共享
　　C．不能远程信息访问
　　D．不受地理约束、实现资源共享、远程信息访问

20．计算机网络中可以共享的资源包括（　　）。
　　A．硬件、软件、数据　　　B．主机、外部设备、软件
　　C．硬件、程序、数据　　　D．主机、程序、数据

21．互联网计算机在相互通信时必须遵循统一的（　　）。
　　A．硬件标准　　　　　　　B．网络协议
　　C．路由算法　　　　　　　D．拓扑结构

22．在计算机网络中，英文缩写LAN指的是（　　）。
　　A．广域网　　　　　　　　B．局域网
　　C．城域网　　　　　　　　D．互联网

23．在互联网提供的服务中，使本地计算机成为远程计算机的仿真终端从而实时使用其资源的服务是（　　）。
　　A．万维网（WWW）　　　　B．电子邮件（E-mail）
　　C．文件传输（FTP）　　　 D．远程登录（Telnet）

24．按网络覆盖范围划分，移动通信网络属于（　　）。
　　A．城域网　　　　　　　　B．无线网
　　C．广域网　　　　　　　　D．局域网

25. 打开网页浏览信息，使用的互联网服务是（　　）。
    A．电子邮件　　　　　　　B．远程登录
    C．万维网　　　　　　　　D．电子公告板

26. 下列选项中，不属于互联网应用的是（　　）。
    A．下载音乐　　　　　　　B．检索资料
    C．电子邮件　　　　　　　D．查杀病毒

27. 计算机网络中，所有计算机都连接到一个中心节点上，这种连接结构被称为（　　）。
    A．总线型结构　　　　　　B．环形结构
    C．星形结构　　　　　　　D．网状结构

28. 在OSI的七层参考模型中，最高层是（　　）。
    A．网络层　　　　　　　　B．运输层
    C．表示层　　　　　　　　D．应用层

29. 在互联网时代根据订单生产已成为常态，各种企业信息管理系统有效地降低了企业的库存积压，降低了产品滞销的风险，提高了企业的生产与管理效率。这是（　　）的转变。
    A．生产方式　　　　　　　B．商业模式
    C．工作模式　　　　　　　D．社交方式

30. 网络协议的要素为（　　）。
    A．数据格式、编码、信号电平　B．数据格式、控制信息、速度匹配
    C．语法、语义、时序　　　　　D．编码、控制信息、同步

2.2　计算机网络的配置与管理

【学习目标】

- 了解常见网络设备的类型和功能。
- 会进行网络的连接。
- 能判断和排除简单的网络故障。

【思政目标】

- 安全操作，强化信息社会责任意识。
- 深化工匠精神。

【知识梳理】

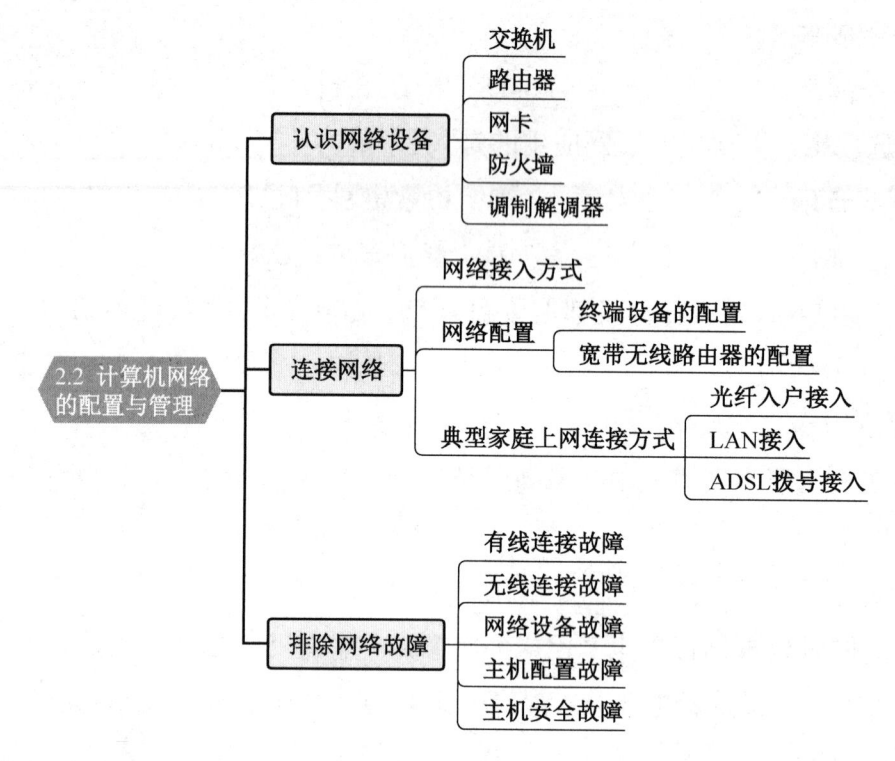

```
                                  ┌─ 交换机
                                  ├─ 路由器
                    ┌─ 认识网络设备 ─┼─ 网卡
                    │                ├─ 防火墙
                    │                └─ 调制解调器
                    │
                    │                ┌─ 网络接入方式
                    │                │                ┌─ 终端设备的配置
2.2 计算机网络 ─────┼─ 连接网络 ─────┼─ 网络配置 ─────┤
    的配置与管理    │                │                └─ 宽带无线路由器的配置
                    │                │                ┌─ 光纤入户接入
                    │                └─ 典型家庭上网连接方式 ─┼─ LAN接入
                    │                                         └─ ADSL拨号接入
                    │
                    │                ┌─ 有线连接故障
                    │                ├─ 无线连接故障
                    └─ 排除网络故障 ─┼─ 网络设备故障
                                     ├─ 主机配置故障
                                     └─ 主机安全故障
```

【知识要点】

一、认识网络设备

1. 交换机

交换机（Switch）是局域网中重要的组网设备，通过交换机可以将局域网中的计算机连接起来，形成星形拓扑结构的网络，设备间通过 RJ-45 接口与双绞线连接。最常见的交换机有以太网交换机、电话语音交换机、光纤交换机等。

2. 路由器

路由器（Router）是连接两个或多个网络的硬件设备，它的每个端口都可以连接一个网络，在网络间起到网关的作用。路由器的主要工作就是为经过路由器的每个数据包寻找一条最佳传输路径，并将该数据包有效地传送到目的站点。

3. 网卡

网络接口卡（Network Interface Card）简称网卡，是一个用来允许计算机在网络中进行通信的计算机硬件。每个网卡都拥有唯一的物理地址（MAC 地址）。网卡分有线网卡和无线网卡两种，有独立网卡也有集成在主板上的网卡。

4. 防火墙

防火墙（Firewall）通过在网络边界上建立相应的网络通信监控系统，形成一个安全网关（Security Gateway），根据用户定义的安全策略控制网络之间的通信，从而在内部网络和外部网络之间、专用网络和公共网络之间构造保护屏障，以阻挡入侵和非法访问，防止外部网络用户未经授权访问内部网络，或者内部网络用户未经授权访问外部网络。防火墙的功能与现实生活中的"门卫"类似。

5. 调制解调器

调制解调器（Modem）是一种数模转换设备，其作用是实现模拟信号和数字信号的转换。将数字信号转化成模拟信号的过程称为调制，将模拟信号转化为数字信号的过程称为解调。

二、连接网络

1. 网络接入方式

网络接入方式如图 2-2-1 所示，提供了局域网常见的几种应用情境及接入方式。

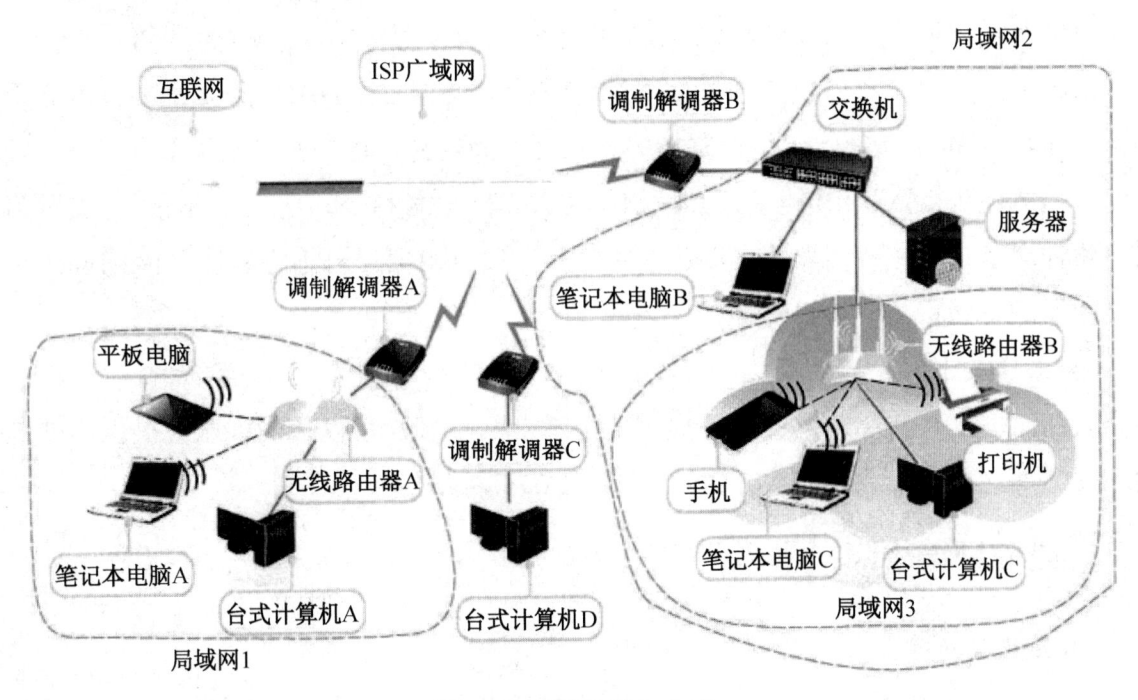

图 2-2-1　网络接入方式

（1）局域网 1 的应用情境。

局域网 1 常见于家庭网络，以无线路由器 A 为核心，平板电脑和笔记本电脑 A 以无线方式接入，台式计算机 A 以有线方式接入。

（2）局域网 2 的应用情境。

局域网 2 常见于小型单位网络，以交换机为核心，笔记本电脑 B、服务器、无线路由器 B 以有线方式接入。

（3）局域网 3 的应用情境。

局域网 3 常见于办公室网络，以无线路由器 B 为核心，是局域网 2 的子局域网，手机、笔记本电脑 C、打印机以无线方式接入，台式计算机 C 以有线方式接入。

无线路由器 A、交换机和台式计算机 D 通过调制解调器以有线方式接入 ISP 广域网。无线路由器 A 在局域网 1 中同时起到了网关的作用。

2. 网络配置

（1）终端设备的配置。

终端设备的 IP 地址通常可以通过动态或静态两种方式获得。当接入的网络支持 DHCP（动态主机配置协议）时可以采取动态获取方式，此时把设备的 IP 地址获取方式设置为"自动获取"即可获得上级网络分配的临时 IP 地址。使用静态获取方式时，设备的 IP 地址由上级网络的管理员人工分配。

（2）宽带无线路由器的配置。

宽带无线路由器是家庭网络和小型办公网络中的必备设备，不同型号产品的基本功能相同，均提供 WAN 设置、LAN 设置、DHCP 设置和无线设置等功能。WAN 设置指定接入上级网络的接入方式，LAN 设置制定内部网络的 IP 地址分配方式，DHCP 设置主要设置启用或分配动态 IP 地址的分配策略，无线设置指定无线网络的名称、连接密码、加密方式。一般新购置或复位后的路由器默认 IP 地址为"192.168.1.1"，用户名和密码均为"admin"。配置路由器时只要将计算机连接该路由器，在浏览器中输入无线路由器后台管理地址"192.168.1.1"，即可对路由器进行配置。

3. 典型家庭上网连接方式

个人和家庭上网需要向网络服务提供商申请上网账号，可以在网络服务提供商处选择合适的上网方案，如光纤入户接入、LAN 接入、ADSL 拨号接入。

三、排除网络故障

1. 有线连接故障

当有线连接发生故障时，Windows 操作系统消息区中的网络连接图标会显示异常的提示状态。发生故障的原因通常是网线松动或网线损坏，此时网线接口处指示灯不亮。遇到此类情况时，首先检查本地计算机网络接口上的网线是否松动、脱落；然后检查网线另一端的交换机、路由器等设备是否通电运行，网线是否松动、脱落；最后使用测线仪检测网线是否正常。

2. 无线连接故障

当无线连接发生故障时，无线连接图标会显示感叹号。发生故障的原因通常是本地无线网络开关关闭，接入的无线路由器关闭或故障。

3. 网络设备故障

雷电、防潮散热不到位、电源不稳、元器件自然老化，以及元器件本身质量问题等都可能造成网络设备故障。根据故障的现象，对故障发生的可能性进行逐个排除，或者用正常的设备对可能的故障设备进行替换，以便对故障设备进行确认。

4. 主机配置故障

主机配置不当是最常见的主机故障，会导致用户无法访问互联网。例如，IP 地址、DNS 地址等设置不当会造成网络访问失败，此时应检查相关配置。

5. 主机安全故障

由于病毒或黑客攻击等情况的存在，大量网络资源被非法占用，导致用户无法访问网络，此时可先拔掉网线，安装最新的杀毒软件并查杀病毒。

【基础练习】

一、单项选择题

1. 下列选项中，不属于计算机网络主要构成要素的是（　　）。
   A．通信介质　　　　　　　　B．通信人才
   C．通信设备　　　　　　　　D．网络协议

2. 下列计算机传输介质中，传输速度最快的是（　　）。
   A．同轴电缆　　　　　　　　B．光缆
   C．双绞线　　　　　　　　　D．电话线

3. HUB 的中文名称是（　　）。
   A．网卡　　　　　　　　　　B．交换机
   C．集线器　　　　　　　　　D．路由器

4. 要在公用电话线上传输计算机数字信号，必须配置的设备是（　　）。
   A．调制解调器　　　　　　　B．交换机
   C．集线器　　　　　　　　　D．路由器

5. 要将某校园网与城域网互联，应选用的互联设备是（　　）。
   A．网卡　　　　　　　　　　B．交换机
   C．网桥　　　　　　　　　　D．路由器

6. 网卡的基本功能包括数据缓存、数据通信和（　　）。
   A．数据传输　　　　　　　　B．数据转换
   C．数据服务　　　　　　　　D．数据共享

7. 交换机一般工作在（　　）。
   A．物理层　　　　　　　　　B．数据链路层
   C．网络层　　　　　　　　　D．应用层

8. 学校办公楼内的计算机网络属于（　　）。
   A．MAN   B．LAN
   C．WAN   D．FAN

9. 调制解调器的功能是实现（　　）。
   A．数字信号的整形   B．模拟信号与数字信号的转换
   C．数字信号的编码   D．数字信号的放大

10. 在IPV4中，IP地址分为四段，每一段对应的十进数范围是（　　）。
    A．0～128   B．0～255
    C．0～126   D．1～255

11. 无线网络与有线网络相比，最大的优点是（　　）。
    A．网络覆盖范围更广   B．可以随时随地上网
    C．网络信号更加稳定   D．网速传输速度更快

12. FTP指的是（　　）。
    A．文件传输协议   B．超文本传输协议
    C．简单邮件传输协议   D．邮局协议

13. 统一资源定位器的英文缩写为（　　）。
    A．TCP/IP   B．www
    C．http   D．URL

14. 一个网站域名的后缀为".com"，表示该网站属于（　　）。
    A．教育机构   B．网络机构
    C．美国地区   D．商业机构

15. 一个网站域名的后缀为".gov"，表示该网站属于（　　）。
    A．军事机构   B．商业组织
    C．政府机构   D．教育机构

16. 无线广域网多使用（　　）通信方式。
    A．电磁波   B．红外线
    C．紫外线   D．微波

17. 下列传输介质中，哪种传输介质的抗干扰性最好？（　　）
    A．双绞线   B．光缆
    C．同轴电缆   D．无线介质

18. 下列传输介质中，保密性最好的是（　　）。
    A．双绞线   B．同轴电缆

C. 光纤　　　　　　　　　　D. 自由空间

19. 下列选项中，不属于网络硬件故障的是（　　）。
    A. 设备损坏　　　　　　　B. 设备冲突
    C. 网络拥塞　　　　　　　D. 设备未驱动

20. 要将学校里行政楼和实验楼的局域网互联，可以通过（　　）实现。
    A. 交换机　　　　　　　　B. Modem
    C. 中继器　　　　　　　　D. 网卡

21. 互联网主要的传输协议是（　　）。
    A. TCP/IP 协议　　　　　　B. IPC 协议
    C. POP3 协议　　　　　　　D. NetBIOS 协议

22. WWW 主要使用的语言是（　　）。
    A. C 语言　　　　　　　　B. Pascal 语言
    C. HTML 语言　　　　　　D. Java 语言

23. 网络中的计算机可以借助通信线路相互传递信息，共享软件硬件与（　　）。
    A. 打印机　　　　　　　　B. 数据
    C. 磁盘　　　　　　　　　D. 复印机

24. www.nankai.edu.cn 不是 IP 地址，而是（　　）。
    A. 硬件编号　　　　　　　B. 域名
    C. 密码　　　　　　　　　D. 软件编号

25. WWW 服务是互联网上常用的（　　）。
    A. 数据库计算机方法　　　B. 信息服务类型
    C. 数据库　　　　　　　　D. 费用方法

26. 浏览器用来浏览互联网上主页的（　　）。
    A. 数据　　　　　　　　　B. 信息
    C. 硬件　　　　　　　　　D. 软件

27. 下列选项中，属于 C 类 IP 地址的是（　　）。
    A. 130.34.4.5　　　　　　B. 200.10.2.1
    C. 127.0.0.1　　　　　　　D. 10.10.46.128

28. 下列选项中，属于典型家庭上网连接方式的是（　　）。
    A. ADSL 拨号接入　　　　 B. LAN 接入方式
    C. 光纤到户接入　　　　　D. 以上都是

29. 在电子邮件中，用户（　　）。

    A．可以同时传送声音文本和其他多媒体信息

    B．只可以传送文本信息

    C．在邮件上不能附加任何文件

    D．不可以传送声音文件

30. 一般在互联网中域名依次表示的含义是（　　）。

    A．用户名，主机名，机构名，最高层域名

    B．用户名，单位名，机构名，最高层域名

    C．主机名，网络名，机构名，最高层域名

    D．网络名，主机名，机构名，最高层域名

31. 电子邮件是由用户在计算机上使用电子邮件软件包（　　）。

    A．直接发送到接收者计算机的指定磁盘目录中

    B．直接发送到接收者注册的POP3服务器指定的电子邮箱中

    C．通过SMTP服务器发送到接收者计算机中指定的磁盘目录中

    D．通过SMTP服务器发送到接收者注册的POP3服务器指定的电子邮箱中

32. 要在浏览器中查看某个公司的主页，则必须知道（　　）。

    A．该公司的E-mail地址　　　　B．该公司的主机名

    C．该公司主机的ISP地址　　　　D．该公司的网址

33. DNS表示（　　）。

    A．互联网服务　　　　B．邮件系统

    C．卫星通信　　　　　D．域名服务系统

34. 下列选项中，不合法的IP地址是（　　）。

    A．119.147.19.254　　　B．222.73.3.71

    C．222.73.256.21　　　　D．14.17.33.222

35. 网址 http://www.stm.gov.cn/index.html 中，index.html 表示（　　）。

    A．主页文件名　　　　B．协议名

    C．网络名　　　　　　D．主机名

36. 将文件从FTP服务器传输到客户机的过程称为（　　）。

    A．下载　　　　B．浏览

    C．上传　　　　D．邮寄

37. 域名服务器上存放有Internet主机的（　　）。

    A．域名　　　　B．IP地址

C．域名和 IP 地址　　　　　　D．E-mail 地址

38．TCP/IP 体系结构中，IP 协议的作用是（　　　）。

　　A．对数据包的管理和核查　　B．负责数据包的传递

　　C．管理应用程序　　　　　　D．管理整个网络

39．下列域名后缀中，表示教育机构的是（　　　）。

　　A．.net　　　　　　　　　　B．.edu

　　C．.org　　　　　　　　　　D．.com

40．下列选项中，正确的电子邮箱地址是（　　　）。

　　A．qq.com@zhuofan　　　　　B．zhuofan@qq.com

　　C．zhuofan.qq@com　　　　　D．zhuofan.qq.com

二、操作题

请将一台计算机完成如下设置。

（1）设置 IP 地址为：192.168.10.31。

（2）设置子网掩码为：255.255.255.0。

（3）设置默认网关为：192.168.0.1。

（4）设置 DNS 服务器为：218.85.157.99。

2.3　获取网络资源

【学习目标】

- 掌握浏览器浏览和下载相关信息的方法。
- 掌握常用搜索引擎的使用，如百度搜索、搜狗搜索、360 搜索等。
- 能识别网络资源的类型，区分网络开放资源、免费资源和收费认证资源。
- 根据实际需要获取网络资源，能合法使用网络信息资源，树立知识产权保护意识。
- 能辨识有益或不良网络信息，能对信息的安全性、准确性和可信度进行评价。

【思政目标】

- 遵纪守法，增强知识产权保护意识。
- 自觉践行社会主义核心价值观。

【知识梳理】

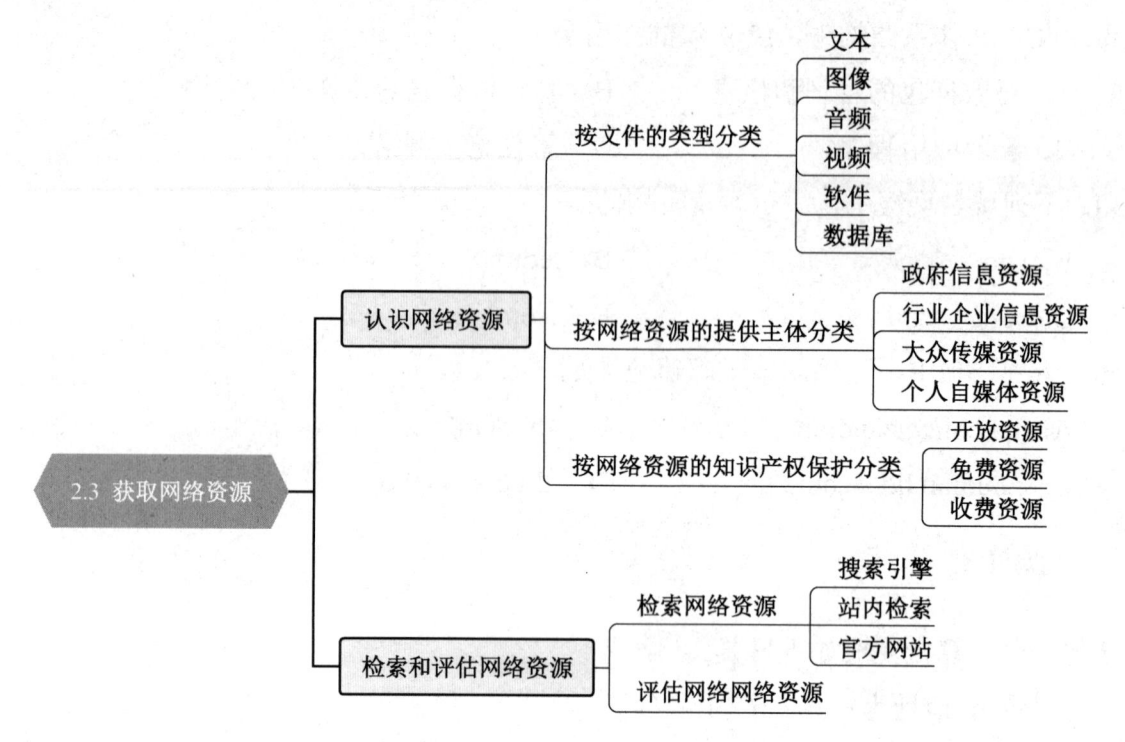

```
                                                            ┌─ 文本
                                                            ├─ 图像
                                         ┌─ 按文件的类型分类 ──┼─ 音频
                                         │                  ├─ 视频
                                         │                  ├─ 软件
                                         │                  └─ 数据库
                                         │
                                         │                         ┌─ 政府信息资源
                      ┌─ 认识网络资源 ──┼─ 按网络资源的提供主体分类 ─┼─ 行业企业信息资源
                      │                  │                         ├─ 大众传媒资源
                      │                  │                         └─ 个人自媒体资源
2.3 获取网络资源 ──┤                  │                             ┌─ 开放资源
                      │                  └─ 按网络资源的知识产权保护分类 ┼─ 免费资源
                      │                                              └─ 收费资源
                      │
                      │                                        ┌─ 搜索引擎
                      │                     ┌─ 检索网络资源 ──┼─ 站内检索
                      └─ 检索和评估网络资源 ┤                  └─ 官方网站
                                            └─ 评估网络网络资源
```

【知识要点】

一、认识网络资源

1. 按文件的类型分类

网络资源可分为文本、图像、音频、视频、软件、数据库等文件类型。

2. 按网络资源的提供主体分类

网络资源可分为政府信息资源、行业企业信息资源、大众传媒资源和个人自媒体资源。政府信息资源最具有权威性，行业企业信息资源具有一定的专业性，大众传媒资源和个人自媒体资源类型丰富多样、个性鲜明。

3. 按网络资源的知识产权保护分类

网络资源可分为开放资源、免费资源和收费资源。开放资源是指在互联网等公共领域内可以免费获取的资源，免费资源是指资源可以在一定许可范围内免费使用的资源，收费资源是指需付费使用的资源。

二、检索和评估网络资源

1. 检索网络资源

网络资源的特点是数量大、内容丰富、变化频繁、结构复杂、分布广泛，信息组织呈现出局部有序性和整体无序性。掌握检索网络资源的方法有助于提高学习、工作的效率和质量。

(1) 搜索引擎。

搜索引擎是最常用的检索网络资源工具，是一类专门用于在网上检索信息的网站。从功能和原理上区分，搜索引擎大致可分为全文搜索引擎、元搜索引擎、垂直搜索引擎和目录搜索引擎。典型的搜索引擎有百度、谷歌、雅虎、搜狗等。

(2) 站内检索。

一些专业性的内容通常需要到专题网站或官方网站进行站内搜索，这些网站通常使用垂直搜索引擎和目录搜索引擎。

(3) 官方网站。

官方网站简称官网，是团体或组织的主办者体现其意志想法，公开其信息，并带有专用、权威、公开等性质的网站。为获取相关权威信息，可以登录官方网站查询。

2. 评估网络资源

网络资源评价的过程就是研究为什么选择该资源，检索过程分为初选、精选、终选三个阶段。网络资源的内容从可信度、可用性、合理性及可获取性四个维度进行评价。

【基础练习】

一、单项选择题

1. 按搜索引擎工作方式分类，百度属于（　　）。
   A. 全文搜索　　　　　　　B. 目录搜索
   C. 多媒体信息检索　　　　D. 元搜索

2. 将当前浏览的标题为"happy"的页面按默认方式保存时，可得到（　　）。
   A. 一个名为"index.html"网页文件和一个名为"index_files"的文件夹
   B. 一个名为"happy.html"网页文件和一个名为"index_files"的文件夹
   C. 一个名为"index.html"网页文件和一个名为"happy_files"的文件夹
   D. 一个名为"happy.html"网页文件和一个名为"happy_files"的文件夹

3. 将网上电影下载到个人计算机中，以下操作中下载效率最高的是（　　）。
   A. 使用快捷菜单中的"复制"和"粘贴"选项
   B. 使用"迅雷"下载
   C. 右击该电影，从快捷菜单中选择"目标另存为"选项
   D. 单击"下载"按钮

4. 上网搜索奥运会资料，可以使用的工具是（　　）。
   A. 百度　　　　　　　　　B. 快车
   C. WinRAR　　　　　　　 D. Word

5．在网上搜索信息时，下列操作中一定能缩小搜索范围的是（　　）。

  A．减少关键词的数量　　　　B．改变关键词

  C．换一个搜索引擎　　　　　D．细化搜索条件

6．下列选项中，不属于搜索引擎的是（　　）。

  A．百度　　　　　　　　　　B．新浪

  C．网易　　　　　　　　　　D．搜狐

7．如果想保存网页上的一张图片，应该执行的操作是（　　）。

  A．单击该图片，选择"图片另存为"选项

  B．右击该图片，从弹出的快捷菜单中选择"图片另存为"选项

  C．直接保存图片所在的网页

  D．直接拖曳图片到收藏夹中

8．下列关于搜索引擎的叙述中，正确的是（　　）。

  A．只能按关键词搜索

  B．只能按分类目录搜索

  C．既能按关键词又能按分类目录搜索

  D．既不能按关键词又不能按分类目录搜索

9．下列关于网上浏览和信息下载的叙述中，正确的是（　　）。

  A．只有使用专门的下载软件才能下载网络资源

  B．网页上的信息只能以网页的形式保存

  C．不能保存网页上的信息

  D．可以脱机浏览网页

10．在浏览网页时，不可以保存为本地文件的是（　　）。

  A．文字　　　　　　　　　　B．图片

  C．声音　　　　　　　　　　D．颜色

11．下列关于全文搜索引擎的说法中，错误的是（　　）。

  A．搜索到的信息不一定是正确的

  B．搜索条件越具体，搜索引擎返回的结果就越精确

  C．搜索引擎基本上都支持"与""或""非"等逻辑运算查询

  D．在使用全文搜索引擎时，只能输入一个有代表性的关键词

12．使用浏览器访问网站时，网站上希望第一个被访问的网页称为（　　）。

  A．网页　　　　　　　　　　B．网站

  C．HTML 语言　　　　　　　D．主页

13．超文本传输协议的简称是（　　）。
　　A．HTML　　　　　　　　B．HTTP
　　C．SMTP　　　　　　　　D．POP3
14．想要访问某个中学的校园网站,需要知道（　　）。
　　A．校园网站的网址　　　　B．学校的电子邮箱
　　C．学校的地址　　　　　　D．学校的官方微博
15．打开网页浏览信息使用的互联网服务是（　　）。
　　A．电子邮件　　　　　　　B．远程登录
　　C．万维网　　　　　　　　D．电子公告板
16．在浏览器中,单击工具栏上"刷新"按钮的作用是（　　）。
　　A．停止打开当前网页　　　B．将当前网页添加到收藏夹
　　C．重新打开当前网页　　　D．返回到主页面
17．HTTP协议主要用于（　　）。
　　A．浏览网页　　　　　　　B．文件传输
　　C．发送电子邮件　　　　　D．接收电子邮件
18．小明上网时偶然看到一个特别喜欢的网站,为了以后能方便地访问这个网站,最好的做法是（　　）。
　　A．将该网站的网址添加到浏览器的收藏夹中
　　B．将该网站的主页保存到本地硬盘中
　　C．将该网站的网址录入到记事本中并保存为文件
　　D．将该网站的网址记在纸上并随身携带
19．使用IE浏览器浏览网页时,可以将当前网页的地址保存到（　　）。
　　A．菜单栏中　　　　　　　B．状态栏中
　　C．收藏夹中　　　　　　　D．地址栏中
20．在浏览网页时,当移动到某段文字上时,鼠标指针变成小手形状,说明该位置有（　　）。
　　A．图片　　　　　　　　　B．邮件
　　C．超链接　　　　　　　　D．网站
21．网页文件是一种（　　）。
　　A．多媒体文件　　　　　　B．表格文件
　　C．文本文件　　　　　　　D．图像文件

22. 使用迅雷软件可以（　　）。

　　A．即时通信　　　　　　　　B．资源下载

　　C．在线翻译　　　　　　　　D．收发邮件

23. 下列有关网络资源下载的说法中，不正确的是（　　）。

　　A．下载文字直接复制与粘贴即可

　　B．文件下载的途径与方法有多种

　　C．网络上所有资源都可以下载使用

　　D．使用专门的下载工具下载文件效率比较高

24. 下列关于搜索引擎的叙述中，正确的是（　　）。

　　A．目录搜索引擎一定要输入关键词

　　B．各种搜索引擎的搜索效果一样

　　C．既能按关键字又能按分类目录进行搜索

　　D．全文搜索引擎不能搜索到最新消息

25. 在浏览器中，将正在浏览的网页以TXT文件格式保存在本地磁盘后，该文本文件中保存的是（　　）。

　　A．网站中所有网页文本内容

　　B．当前网页的文本和图片内容

　　C．网站所有网页的文本和图片内容

　　D．当前网页的文本内容

26. 要想访问网络页面，计算机上需要安装的软件是（　　）。

　　A．Office　　　　　　　　　B．Dreamweaver

　　C．浏览器　　　　　　　　　D．编辑器

27. 使用搜索引擎在网络上搜索信息时，搜索框中输入的内容称为（　　）。

　　A．网址　　　　　　　　　　B．文件名

　　C．网站名　　　　　　　　　D．关键字

28. 按文件的类型分类，网络资源可以是（　　）。

　　A．文本、图像　　　　　　　B．软件、数据库

　　C．音频、视频　　　　　　　D．以上都是

29. 政府信息资源最典型的特征是具有（　　）。

　　A．权威性　　　　　　　　　B．专业性

　　C．丰富多样　　　　　　　　D．个性鲜明

30．在互联网上查找所需的信息，应该使用（　　）。

  A．电子邮件   B．下载软件

  C．即时通信软件   D．搜索引擎

二、操作题

1．在 Edge 浏览器中进行如下设置。

（1）将主页设置为"http://www.sina.com.cn"。

（2）清除"过去 7 天"的浏览历史记录。

（3）在网页中不自动播放网站上的音频及视频。

2．打开 Edge 浏览器，完成以下操作。

（1）访问福建经济学校官网，将网址添加到收藏夹中，设置名称为"福建经济学校"。

（2）浏览网页，将首页保存到 D 盘中。

3．打开 Edge 浏览器，完成下面的操作。

访问百度网站，将页面中的百度图标保存到 D 盘中。

2.4　网络交流与信息发布

【学习目标】

- 熟练掌握电子邮箱的申请及电子邮件的收发。
- 熟练掌握即时通信软件的使用。
- 了解常见的发布网络信息的方式。
- 了解远程桌面的概念和使用方法。

【思政目标】

- 遵纪守法、争做合格的数字公民。
- 提高法律和社会公德意识，合理发布、获取、使用网络资源。

【知识梳理】

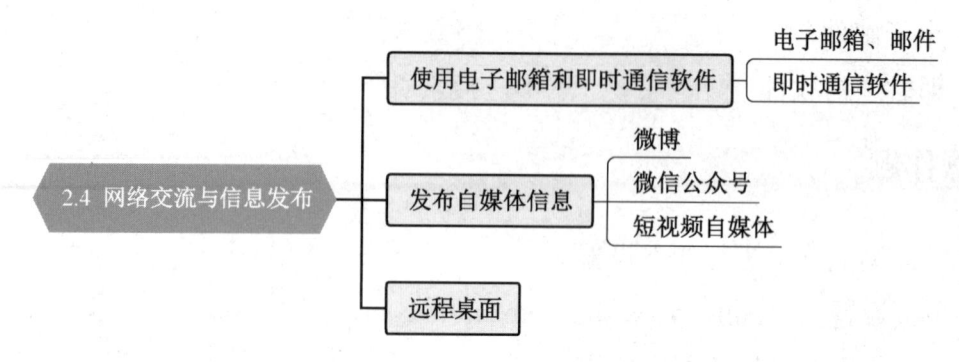

```
                                          ┌── 使用电子邮箱和即时通信软件 ──┬── 电子邮箱、邮件
                                          │                              └── 即时通信软件
                                          │
            2.4 网络交流与信息发布 ────────┤                              ┌── 微博
                                          ├── 发布自媒体信息 ────────────┼── 微信公众号
                                          │                              └── 短视频自媒体
                                          │
                                          └── 远程桌面
```

【知识要点】

一、使用电子邮箱和即时通信软件

1. 电子邮箱、邮件

电子邮件（E-mail）是一种通过互联网进行信息交换的通信方式，经实名认证的电子邮件具有法律效力，是典型的电子证据。电子邮件具有使用简易、投递迅速、易于保存、全球畅通、一对多发送等优点。电子邮箱是存储电子邮件的网络交流电子信息空间，每个电子邮箱都有一个唯一的地址，格式为"用户名@域名"。

2. 即时通信软件

即时通信（Instant Messaging，IM）是一种网络服务，允许两人或多人使用网络即时进行各类信息交流。常用的即时通信软件有 QQ、微信、钉钉等，用户可以通过手机、平板电脑、计算机发送文字、图片、语音、视频，甚至进行网络视频会议和远程教学等。

二、发布自媒体信息

1. 微博

微博是一种分享简短实时信息的广播式社交媒体、网络平台，允许用户通过手机、平板电脑、计算机等终端设备接入，以文字、图片、语音、视频等多媒体形式，实现信息的即时分享、传播互动。

2. 微信公众号

微信公众号是基于微信公众平台的应用，个人和团体均可申请应用账号。通过公众号可在微信平台上实现与特定群体的文字、图片、语音、视频的全方位沟通、互动。

3. 短视频自媒体

短视频自媒体作为视频自媒体的一种，主要指以时长 5 分钟内的视频为信息载体，依托移动互联网平台生成社群关系从而形成的媒介产品。由于受时间限制，短视频要求主题鲜明、通俗易懂、短小精悍。

三、远程桌面

当某台计算机开启了远程桌面连接功能后就可以在网络的另一端控制这台计算机了，通过远程桌面功能用户可以远程实时地操作这台计算机，如安装软件、浏览等，整个过程就像直接在该计算机上操作一样。

【基础练习】

一、单项选择题

1. 在互联网中，BBS 不具备的功能是（　　）。
   A．修改服务器上的文件　　B．信件交流
   C．资讯交流　　　　　　　D．经验交流器名

2. 下列关于电子邮件的叙述中，正确的是（　　）。
   A．电子邮件的邮箱一般在邮件接收方的个人计算机中
   B．电子邮件是互联网提供的一项最基本的服务
   C．电子邮件只能向一个互联网用户发送
   D．电子邮件可发送的多媒体信息只有文字和图像

3. 浏览网站上的 Web 页面需要用到的协议是（　　）。
   A．SMTP 协议　　　　B．HTTP 协议
   C．POP3 协议　　　　D．Telnet 协议

4. zhonghua@sohu.com 是（　　）。
   A．数据　　　　　　B．信息
   C．电子邮件地址　　D．网地址

5. 发送电子邮件时，如果接收方没有开机，那么邮件将（　　）。
   A．丢失　　　　　　B．退回给发件人
   C．正常发送　　　　D．受损

6. 下列选项中，不是设置电子邮箱所必需的是（　　）。
   A．接收邮件服务器　　B．电子邮箱的空间大小
   C．账号名　　　　　　D．密码

7. 给多人同时发电子邮件时，收件栏内分隔多个电子邮件地址的符号是（　　）。
   A．分号　　　　　　B．逗号
   C．冒号　　　　　　D．引号

8. 下列选项中，不属于电子邮件协议的是（   ）。

   A．POP3 协议　　　　　　　　B．SMTP 协议

   C．IMAP4 协议　　　　　　　 D．SNMP 协议

9. 下列软件中，不是即时通信软件的是（   ）。

   A．微信　　　　　　　　　　B．QQ

   C．Word　　　　　　　　　　D．钉钉

10. 在 D 盘中有一个名为"Lianxi.wav"的文件，通过文件扩展名可知该文件类型是（   ）。

    A．音频　　　　　　　　　　B．图像

    C．视频　　　　　　　　　　D．文档

11. 下列有关电子邮件的说法中，错误的是（   ）。

    A．没有主题的电子邮件不能发送

    B．用户可以给自己发送电子邮件

    C．电子邮件本质上是一个文件

    D．附件可以是任意格式的文件

12. 目前常用的电子邮件发送和接收协议是（   ）。

    A．HTTP 协议和 FTP 协议　　B．TCP 协议和 HTTP 协议

    C．SMTP 协议和 POP3 协议　 D．FTP 协议和 POP3 协议

13. 下列关于电子邮箱的说法中，正确的是（   ）。

    A．电子邮箱就是邮局中的私人信箱

    B．电子邮箱位于邮件服务器的硬盘中

    C．电子邮箱位于邮件服务器的内存中

    D．电子邮箱位于用户计算机的硬盘中

14. 全部具有即时通信功能的一组软件是（   ）。

    A．QQ、微信、淘宝

    B．QQ、微信、阿里旺旺

    C．酷狗音乐、今日头条、抖音

    D．腾讯新闻、钉钉、微信

15. 在电子邮箱"csmail@sina.com"中，csmail 是电子邮箱的（   ）。

    A．用户名　　　　　　　　　B．计算机名

    C．域名　　　　　　　　　　D．邮件服务器名

16. 下列软件中，都可以对图像进行编辑的一组是（   ）。

    A．Word、Excel、Photoshop

B．美图秀秀、记事本、Flash

C．ACDSee、美图秀秀、Photoshop

D．QQ、微信、微博

17．下列关于电子邮件的说法中，正确的是（　　）。

　　A．电子邮件通过网络发送，快速而高效，但比传统的邮件花费大

　　B．通过电子邮件可以向世界上任何地方的网络用户发送信息，是互联网提供的一项基本服务

　　C．发送电子邮件时只需要对方的邮箱地址，自己没有邮箱地址也可以发送

　　D．电子邮件只能发送文字和图像

18．同学们进行网上聊天时最可能使用的软件是（　　）。

　　A．IE　　　　　　　　　　B．微信

　　C．Word　　　　　　　　 D．Netants

19．下列电子邮箱地址中，错误的是（　　）。

　　A．Chenhua77@foxmail.com

　　B．264166158@qq.com

　　C．Zhangw11983@163.com

　　D．wzzxj2018.sina.com

20．QQ、微信的主要功能是（　　）。

　　A．网络购物　　　　　　　B．即时通信

　　C．文件下载　　　　　　　D．在线直播

21．不能用于在网络上展示个人动态的是（　　）。

　　A．微信朋友圈　　　　　　B．QQ空间

　　C．电子邮箱　　　　　　　D．微博

22．如果发送电子邮件时，收件人地址填写错误，那么电子邮件将（　　）。

　　A．反复发送　　　　　　　B．被退回

　　C．丢失　　　　　　　　　D．被删除

23．以下软件中，可以用于收发电子邮件的是（　　）。

　　A．Thunder　　　　　　　 B．Flashget

　　C．Outlook　　　　　　　 D．WinZip

24．发送邮件时，若要发送一些图片、语音、视频，可作为（　　）发送。

　　A．主题　　　　　　　　　B．附件

　　C．正文　　　　　　　　　D．链接

25. 电子邮件从本质上讲就是（ ）。

  A．浏览   B．电报

  C．传真   D．文件交换

26. 每个电子邮箱地址中都包含符号"@"，"@"符号前面的内容是（ ）。

  A．用户计算机名   B．件服务器主机名

  C．电子邮箱账号名   D．特网服务提供商

27. 在发送电子邮件时，在邮件中（ ）。

  A．只能插入一个图形附件   B．只能插入一个声音附件

  C．只能插入一个文本附件   D．可以根据需要插入多个附件

28. 要给对方发送电子邮件必须知道其（ ）。

  A．邮政编码   B．电子邮箱账号和密码

  C．通信地址   D．电子邮箱账号

29. 收发电子邮件，首先必须拥有（ ）。

  A．电子邮箱   B．上网账号

  C．个人主页   D．个人密码

30. 小明需要将自己制作的演示文稿通过电子邮件发送给老师，他可以将演示文稿添加到电子邮件的（ ）。

  A．正文中   B．附件中

  C．收件人中   D．主题中

二、操作题

1．使用账号"ks202204"（密码为"xysp123"），登录 163 网页邮箱，完成下面的操作。给李建军（lijianjun@sina.com）同学发送一封邮件，邮件主题为"聚餐"，邮件内容为"周末聚餐"，完成后发送并将邮件保存到草稿箱中。

2．在通讯录中添加一个联系人，姓名为"张宁"，邮箱地址为"zn2003@qq.com"。

2.5 运用网络工具

【学习目标】

  ● 了解多终端资料上传、下载、信息同步和资料分享的网络工具，如云笔记、云存储等。

  ● 了解网络学习的类型与途径，掌握数字化学习能力，如网络视频学习、课件学习、社区学习等。

- 了解网络购物、网络支付等互联网生活情境中不同终端及平台下网络工具的运用技能，如使用淘宝网、京东、支付宝、微信支付等。
- 了解借助网络工具多人协作完成任务的方法，如使用腾讯文档等。

【思政目标】

- 合法使用网络工具。
- 维护绿色网络环境。

【知识梳理】

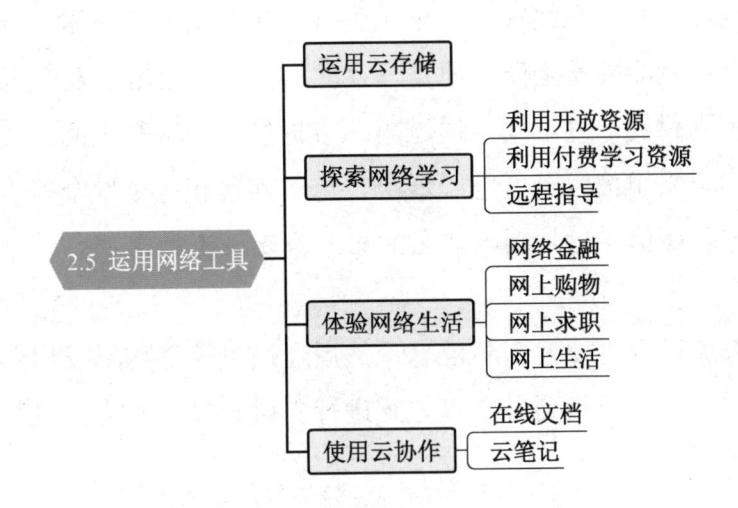

```
                          ┌─ 运用云存储
                          │
                          │                ┌─ 利用开放资源
                          ├─ 探索网络学习 ─┤─ 利用付费学习资源
                          │                └─ 远程指导
          2.5 运用网络工具 ┤
                          │                ┌─ 网络金融
                          │                ├─ 网上购物
                          ├─ 体验网络生活 ─┤─ 网上求职
                          │                └─ 网上生活
                          │
                          │                ┌─ 在线文档
                          └─ 使用云协作 ───┤
                                           └─ 云笔记
```

【知识要点】

一、运用云存储

云存储是一种基于网络的数据存储形式，数据存储在云存储服务提供商的分布式存储系统中，用户只要购买云存储服务获得云存储空间（云盘或网盘），就可以通过网络随时随地访问数据、分享数据。

二、探索网络学习

1. 利用开放资源

开放教育资源通常指免费开放的数字化资料，教师、学生及自主学习者可以在教学、学习和研究中使用。

2. 利用付费学习资源

在线付费课程越来越得到认可，通过内容提供者和运营者的设计，课程获得途径多样、内容形式丰富，以知识服务为核心，帮助用户完成知识升级。

3. 远程指导

远程指导为求学者提供远程辅导和个性化学习支持，是突破时间、地域限制，针对学习者进行指导的一种教育模式。

三、体验网络生活

1. 网络金融

网络金融是网络技术与金融的结合，包括数字货币、网上银行、网上支付、网络证券及网络保险等。

网上银行又称网络银行、在线银行、电子银行，指利用网络技术，向客户提供各种银行服务，使客户足不出户就能够安全便捷地管理存款、支票、信用卡及个人投资等。

网上支付是电子支付的一种形式，通过第三方提供的与银行之间的支付接口进行即时支付。客户和商家之间可采用信用卡、电子钱包、电子支票和电子现金等多种电子支付方式进行网上支付。支付宝和微信支付是国内知名的第三方支付工具。

2. 网上购物

网上购物指买方通过网络搜索商品信息，然后通过电子订购单发出购物请求，再选择通过网上银行、网上支付平台或货到付款等方式进行支付，最后卖方通过物流公司将商品送货上门。

根据交易双方的用户类别不同，网上购物平台可分为 B2B、B2C、C2C 和 O2O 四类。

3. 网上求职

网上求职指求职者通过网络查询招聘信息，并提交个人简历，经过与企业的双向选择，从而实现就业。与传统的求职方式相比，网上求职具有选择面更广、投递个人简历不受时间和地域限制、效率高等特点。

网上求职平台很多，主要有商业性招聘网站、地方就业管理服务机构网站、行业推出的就业服务网络平台，以及用人企业网站上的相关招聘专区等。

4. 网上生活

网络中提供了各种与日常生活、娱乐相关的服务，如交通出行、旅游餐饮等。

四、使用云协作

1. 在线文档

在线文档支持多人实时协作编辑，可以设置不同成员查看或编辑的权限，提供文字、表格、演示文稿的协作编辑功能。如金山文档、腾讯文档等。

2. 云笔记

云笔记能够实现计算机桌面端、移动设备端和云端之间的信息同步，与他人实现信息的分享，从其他应用中收藏内容等功能。如道云笔记、印象笔记等都是跨平台、简单快速的个人记事备忘工具。

【基础练习】

1. 在 ATM 上取款时，要求输入密码，这属于网络安全的（　　）。
   A．身份认证技术　　　　　　B．网络安全技术
   C．加密传输技术　　　　　　D．防火墙技术

2. 为了让更多的人看到自己制作的网站，下列做法中，最合适的是（　　）。
   A．将存放网址的文件夹共享
   B．将网址发送到 QQ 群里
   C．将网址通过邮箱发送给所有认识的人
   D．将网址上传到 Web 服务器发布

3. 越来越多人喜欢的网上购物属于（　　）。
   A．电子商务　　　　　　　　B．现金买卖
   C．通存通兑　　　　　　　　D．储蓄业务

4. 通过支付宝可以在网上交纳电话费、水电费等，这属于（　　）。
   A．电子商务　　　　　　　　B．电子支付
   C．现金缴费　　　　　　　　D．网上购物

5. 如果允许其他用户通过"网上邻居"来读取某一共享文件夹中的信息，但不能对该文件夹中的文件做任何修改，则应将该文件夹的共享属性设置为（　　）。
   A．隐藏　　　　　　　　　　B．完全
   C．只读　　　　　　　　　　D．不共享

6. 下列关于网络运用的叙述或行为中，不可取的是（　　）。
   A．发现有微博传播谣言，举报该微博
   B．把同学的照片丑化处理后发布到网上
   C．网络有利有弊，要合理利用网络资源，拒绝诱惑
   D．网络不是法外之地，要文明上网、遵守道德和法律

7. 下列选项中，不属于云计算特点的是（　　）。
   A．超大规模　　　　　　　　B．虚拟化
   C．私有化　　　　　　　　　D．高可靠性

8. 云计算就是把计算资源都放到（　　）上。

　　A．对等网　　　　　　　B．互联网

　　C．广域网　　　　　　　D．局域网

9. 参与远程教育的学生拥有丰富的、大量的学习资源，主要包括（　　）。

　　A．教材　　　　　　　　B．书本

　　C．作业　　　　　　　　D．网络资源

10. 下列关于网络安全防范的做法中，错误的是（　　）。

　　A．用公用计算机上网，离开时清理一切上网痕迹

　　B．收到电子邮件后，不要轻易打开邮件中的附件

　　C．在计算机中安装杀毒软件并定期升级更新

　　D．随意向QQ好友透露自己的手机号码和家庭住址

2.6　了解物联网

【学习目标】

- 了解物联网技术的现状与发展。
- 了解智慧城市相关知识。
- 了解典型的物联网系统并体验应用，如智能监控、智能物流等。

【思政目标】

- 主动探索应用最新技术的信息意识，培养数字化学习和创新能力。
- 增强科技自信，明确责任担当。

【知识梳理】

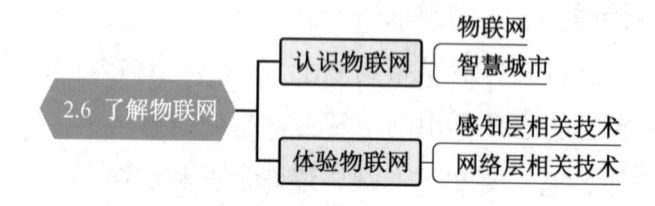

2.6 了解物联网 ── 认识物联网 ── 物联网 / 智慧城市
　　　　　　　└─ 体验物联网 ── 感知层相关技术 / 网络层相关技术

【知识要点】

一、认识物联网

1. 物联网

简单地说，物联网指物与物相连的网络。目前认为物联网指通过传感器等设备，按照约定的协议，将物体与网络连接起来，进行信息交换和通信，实现智能化识别、定位、跟踪、监管和管理的信息系统。物联网的特征主要包括全面感知、可靠传递和智能处理等。

物联网可以简单地用 4 个字来形容：感、传、知、用，即感知物理世界→传送信息到网络→通过云计算做出决策→对物理世界实现智能控制和应用服务。

2. 智慧城市

智慧城市由组成城市的不同的智慧组织构成，利用物联网、大数据、云计算等技术对传统的城市进行改造和升级，形成能够连接一切的更高效、安全、宜居的新一代信息化城市，其关键要素主要包括智慧制造、智慧政务、智慧通信、智慧社区、智慧数据、智慧医疗、智慧环境、智慧楼宇、智慧能源、智慧交通等。

智慧城市具备四大特征：全面透彻的感知、宽带泛在的互联、智能融合的应用及以人为本的可持续创新。

二、体验物联网

1. 感知层相关技术

感知层相关技术包括传感器（温度、湿度、光照、声音等）技术、射频识别技术（RFID）、智能识别（指纹、人脸、语言）技术、二维码技术、卫星定位技术等。

2. 网络层相关技术

物联网的网络层采用多种通信技术，包括有线和无线网络技术、蓝牙通信技术、移动通信技术，还采用了物联网专用通信技术（如 NB-IoT、LoRa、ZigBee 等）。

网络层负责将感知层的数据传输到应用层，同时将应用层的数据传输到感知层中的终端。

物联网网关是负责感知层和网络层之间数据中转及感知层内部不同感知网络之间的数据中转的设备，同时具备感知层终端结点设备的管理功能。运营商通过物联网网关可以管理底层的各感知结点，了解各结点的相关信息，并实现远程控制。

【基础练习】

1. 下列选项中，不属于物联网在智能物流方面应用的是（　　）。

  A．智能海关   B．智能交通

  C．智能邮政   D．智能配送

2．物与物、人与物之间的通信被认为是（　　）的突出特色。

  A．物联网   B．以太网

  C．感知网   D．泛在网

3．RFID 属于物联网的（　　）技术。

  A．应用层   B．网络层

  C．感知层   D．会话层

4．下列选项中，不属于物联网应用范畴的是（　　）。

  A．智能医疗   B．智能通信

  C．智慧物流   D．智能交通

5．利用传感器、RFID 等随时随地获取物体的信息，体现了智慧城市的（　　）特征。

  A．互联网   B．可靠传送

  C．全面感知   D．智能处理

6．与传统远程医疗不同，为提供更全面的患者信息，物联网远程医疗需在病人身边增设的核心设备是（　　）。

  A．射频识别设备   B．移动网络设备

  C．系统定位设备   D．无线传感设备

7．下列选项中，不属于物联网涉及的基础技术是（　　）。

  A．Internet   B．ZigBee

  C．NB-IoT   D．CMOS

8．（　　）被称为继计算机和互联网之后的第三次信息技术革命。

  A．感知中国   B．智能处理

  C．智慧地球   D．物联网

9．学校门口安装的红外线测体温通道，用到物联网中的部件是（　　）。

  A．存储器   B．传感器

  C．CPU   D．芯片

10．下列选项中，不属于物联网中存在的问题是（　　）。

  A．IP 地址问题   B．终端问题

  C．制造技术问题   D．安全问题

11．刷身份证主要使用的物联网技术是（　　）。

  A．蓝牙技术   B．WiFi

  C．二维码识别技术   D．射频识别技术（RFID）

12. 物联网应用中射频识别技术（RFID）的主要功能是（　　）。

    A．采集转换信息　　　　　　B．自动识别物品

    C．存储数据　　　　　　　　D．拍摄物品

13. 射频识别技术（RFID）的主要信息传输方式是（　　）。

    A．声波　　　　　　　　　　B．电场和磁场

    C．双绞线　　　　　　　　　D．同轴电缆

14. 采用灵敏传感器，通过控制器控制传感装置完成报警的技术是（　　）。

    A．声光报警技术　　　　　　B．智能报警技术

    C．网络报警技术　　　　　　D．以上选项均不正确

15. 智能物流的主要特点是（　　）。

    A．细粒度　　　　　　　　　B．智能化

    C．实时性　　　　　　　　　D．可靠性

第 3 章　图文编辑

3.1　WPS 文字入门

【学习目标】

能灵活运用 WPS 文字内置的功能。

【思政目标】

- 增强科技自信，明确责任担当。
- 自觉践行社会主义核心价值观。

【知识梳理】

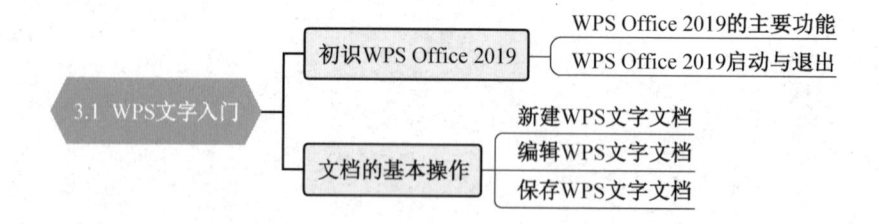

```
                    ┌─ 初识WPS Office 2019 ─┬─ WPS Office 2019的主要功能
3.1 WPS文字入门 ─────┤                       └─ WPS Office 2019启动与退出
                    │                       ┌─ 新建WPS文字文档
                    └─ 文档的基本操作 ──────┼─ 编辑WPS文字文档
                                            └─ 保存WPS文字文档
```

【知识要点】

一、WPS Office 2019 的主要功能

（1）文档编辑与排版，如输入、编辑、格式化文字和段落。

（2）插入并编辑各种对象，如插入公式、艺术字、文本框等。

（3）表格处理，如插入和编辑表格、表格格式化、表格数据计算、图表制作。

（4）图形处理，如插入并编辑各种图形对象，实现图文混排，增强文档可视化效果等。

（5）支持多种文档浏览与文档导航方式，如大纲视图、页面视图、文档结构图、Web 版式、目录、超链接等多种视图方式，使用户能快速浏览和阅读长文档。

二、WPS Office 2019 启动与退出

1. 新建 WPS 文字文档

方法一：启动 WPS Office 2019，选择"新建"→"新建文字"→"空白文档"选项，即可新建一个"文字文稿1"空白文档。

方法二：启动 WPS Office 2019，按"Ctrl+N"组合键即可。

2. 编辑 WPS 文字文档

（1）输入文字。

① 定位光标（插入点）。在编辑区中有一个闪烁着的黑色竖条"|"，它表明输入字符将出现的位置。

② 插入符号。在输入文字时，若要输入键盘上没有的特殊符号，如"№""※""◎""Σ""∈""≌"等，则可以插入文档中自带的符号。

③ 段落的合并与拆分。WPS 文字文档中段落以回车为标志，输入到一行结尾时，会自动换行，若要在某个位置另起一行（分段），则可以按"Enter"键。若要将下一段合并到上一段的末尾，则只要将光标移到上一段的末尾，按"Delete"键，或者把光标移到下一行的行首，按"Backspace"键即可。

④ 删除字符。输入有错需要删除时，按"Delete"键删除光标右边的字符，按"Backspace"键删除光标左边的字符。若要删除更多内容，则可以先选定文本，然后按"Delete"键或"Backspace"键将其删除。

（2）选取文本。

选取文本的目的是将被选择的文本当作一个整体进行操作，包括复制、拖曳、删除、设置格式等。被选取的文本在屏幕上表现为"黑底白字"。输入文字后，如果要对文档进行修改，则首先要选定进行修改的内容。文本选取的方法较多，根据不同的需求选择不同的文本选取方法，以便快速操作。

（3）复制文本（对象）。

复制文本是指将文本复制到另一个位置，原位置上的文本仍保留。

（4）移动文本（对象）。

移动文本是指将被选定的文本从原来的位置移动到另一个位置，原位置不再保留该文本。

（5）撤销与恢复操作。

对于不慎出现的误操作，可以使用文档中撤销和恢复功能取消误操作。

方法一：单击快速访问工具栏上的“撤销”按钮。

方法二：使用“Ctrl+Z”组合键。

3. 保存 WPS 文字文档

在编辑文档的过程中为了防止出现意外，如断电、宕机等原因造成数据丢失，需要及时保存文档。第一次保存文档时会弹出“另存为”对话框，已保存过的文档编辑后再单击“保存”按钮将直接保存在原位置。若要改变文件名或位置重新保存，则可以选择“文件”菜单下的“另存为”选项。

【基础练习】

1．新建一个 WPS 文字文档，输入如图 3-1-1 所示内容，并以“天舟一号快递包裹”文件名进行保存。

※天舟一号送的“快递”包裹里都装了啥?※

天舟一号飞船工程师介绍，天舟一号里面有 100 多个包裹，主要包括:

其次是未来航天员在太空生活工作所需的物品，如食品、水、衣服等生活用品，以及用于出舱工作的航天服等，当然这次运输的不是真的航天服，而是航天服的模拟件。此外，空间科学技术试验设备也是未来空间站经常需要运输的物品，因此也搭载了一些空间科学技术试验设备。

首先是推进剂，就像汽车需要加油一样，空间站要长时间保持在轨道上运行就需要补充推进剂，这次天舟一号不仅要将推进剂运过去，还要进行太空加油技术的在轨验证。

图 3-1-1　示例文字

2．将文稿中正文第二段（由“其次……”开始的这段）与第三段（由“首先……”开始的这段）对调位置。

3．在正文第三段从“此外……”开始另起一段，成为新的第四段，每段开头缩进 2 个字符。

4．操作完成后保存并关闭文档。

最终效果如图 3-1-2 所示。

※天舟一号送的“快递”包裹里都装了啥?※

天舟一号飞船工程师介绍，天舟一号里面有 100 多个包裹，主要包括:

首先是推进剂，就像汽车需要加油一样，空间站要长时间保持在轨道上运行就需要补充推进剂，这次天舟一号不仅要将推进剂运过去，还要进行太空加油技术的在轨验证。

其次是未来航天员在太空生活工作所需的物品，如食品、水、衣服等生活用品，以及用于出舱工作的航天服等，当然这次运输的不是真的航天服，而是航天服的模拟件。

此外，空间科学技术试验设备也是未来空间站经常需要运输的物品，因此也搭载了一些空间科学技术试验设备。

图 3-1-2　最终效果

3.2 设置文本格式

【学习目标】

- 熟练掌握文本的查找与替换。
- 会进行多窗口和多文档的编辑。
- 会使用不同的视图方式浏览文档。
- 能熟练设置文档的格式。

【思政目标】

- 培育符合社会主义核心价值观的审美标准。
- 传播传统文化。

【知识梳理】

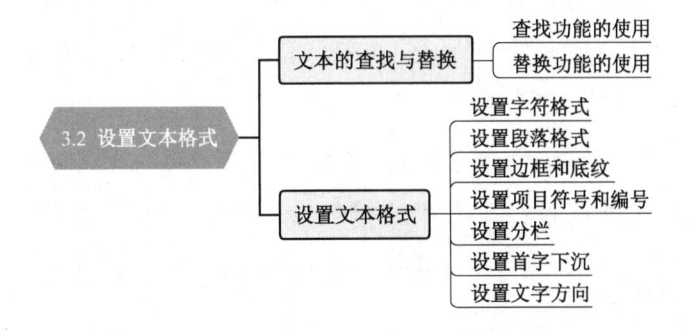

```
                            ┌── 文本的查找与替换 ──┬── 查找功能的使用
                            │                      └── 替换功能的使用
                            │                      ┌── 设置字符格式
  3.2 设置文本格式 ─────────┤                      ├── 设置段落格式
                            │                      ├── 设置边框和底纹
                            └── 设置文本格式 ──────┼── 设置项目符号和编号
                                                   ├── 设置分栏
                                                   ├── 设置首字下沉
                                                   └── 设置文字方向
```

【知识要点】

一、文本的查找与替换

(1)"查找"功能是指在文档中搜索指定的内容,可以在文档中快速搜索到需要的内容。

(2)"替换"功能是指在文档中先查找指定的内容,再成批替换成新的内容,该功能适用于纠错。例如,在文档多处输入了标点".",现在要改为"。",不必逐个修改,使用"替换"功能一次就可以完成。WPS 文字中不仅可以查找文本,还可以查找公式、图形、表格等。

二、设置文本格式

(1)设置字符格式:包括设置字体、字号、字形、字体颜色、边框、底纹、文本效果等。

(2)设置段落格式:包括段落的对齐方式、行距、段距、缩进等。

(3)设置边框和底纹。

(4)设置项目符号和编号:将光标置于要添加项目符号/编号的段落或选中要添加项目符

号/编号的段落，然后单击“项目符号”或“编号”右侧的下拉按钮，在下拉菜单中选择所需的项目符号或编号样式，即可完成设置。

（5）设置分栏：为了方便阅读，往往采用多栏的文本排版方式，它是将一个页面分为几栏，使得页面层次分明，更具可读性。

（6）设置首字下沉：指段落的第一个字符加大并下沉，以引起读者的注意。

（7）设置文字方向：通常情况下，文档都是从左至右水平横排的，但是有时需要特殊效果，如书法、古诗的排版需要文档竖排。

【基础练习】

1．打开素材文档“3-2-1.wps”，完成以下操作。

（1）设置标题文字的字体为“楷体”，字号为“一号”，字形为“加粗”，对齐方式为“居中对齐”。

（2）将标题文字突出显示为“红色”。

（3）利用“替换”功能将正文中所有“珊蝴”全部替换为“珊瑚”，设置颜色为“蓝色”。

（4）将第一段从“珊瑚种类很多……”（第四行后半句）开始另起一段。

（5）将第三段移至第四段的下方。

（6）在最后一段的前后各插入一个符号“★”。

（7）将第二段末尾的“真爱”改为“珍爱”。

（8）为第四段末尾的“反映”添加批注，标注内容为“应该改为反应”。

（9）操作完成后保存并关闭文档。

最终效果如图 3-2-1 所示。

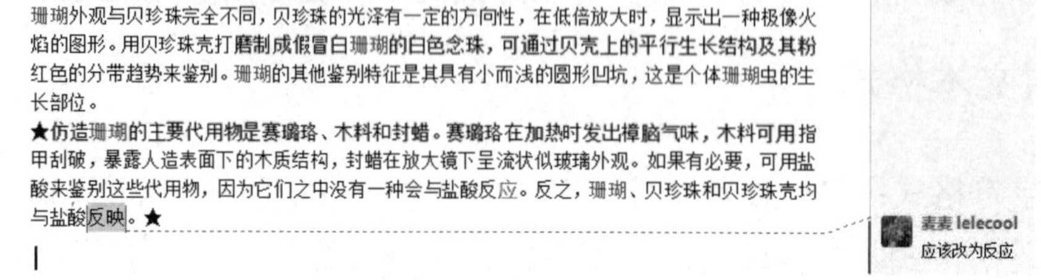

珊瑚是怎样形成的

通常人们认为珊瑚是一种植物，这是误解。珊瑚是一种生活在海洋中体态玲珑，色彩高雅的腔肠动物，名曰珊瑚虫。它能分泌出红、白等颜色的石灰质骨骼，并群集相互粘在一起呈树枝状，即人们所说的珊瑚石。珊瑚的硬度为 3.5，较软，但相当坚韧，可以轻松地用小刀、锉刀加工或在车床上旋转加工。未加工的珊瑚原料是暗淡光泽的，抛光后几乎是玻璃光泽的。

珊瑚种类很多，绚丽多姿，有的似凌霜的菊花；有的貌若雪松；有的形如鹿角。有些珊瑚很娇脆，一碰即枝残株断，有些则质地坚硬。正因为珊瑚具有美丽的色泽和优雅的姿态，所以人们不仅用珊瑚点缀书斋和画室，而且还把珊瑚雕琢成各种各样的首饰制品。因此，珊瑚深得人们的珍爱。

珊瑚外观与贝珍珠完全不同，贝珍珠的光泽有一定的方向性，在低倍放大时，显示出一种极像火焰的图形。用贝珍珠壳打磨制成假冒白珊瑚的白色念珠，可通过贝壳上的平行生长结构及其粉红色的分带趋势来鉴别。珊瑚的其他鉴别特征是其具有小而浅的圆形凹坑，这是个体珊瑚虫的生长部位。

★仿造珊瑚的主要代用物是赛璐珞、木料和封蜡。赛璐珞在加热时发出樟脑气味，木料可用指甲刮破，暴露人造表面下的木质结构，封蜡在放大镜下呈流状似玻璃外观。如果有必要，可用盐酸来鉴别这些代用物，因为它们之中没有一种会与盐酸反应。反之，珊瑚、贝珍珠和贝珍珠壳均与盐酸反映。★

图 3-2-1　最终效果

2．打开素材文档“3-2-2.wps”，完成以下操作。

（1）设置标题文字字符格式为“方正舒体、一号、加粗”，对齐方式为“居中对齐”，字符间距为“加宽”，值为“4 磅”。

（2）将标题文字填充浅绿色底纹，图案样式设置为“5%”。

（3）正文各段设置为首行缩进 2 字符。

（4）设置正文各段段前和段后间距为“0.4 行”，行距为“1.6 倍行距”。

（5）给文档第一段添加单实线边框，设置线宽度为“1 磅”，线条颜色为“红色”，应用于段落。并填充“印度红，着色 2，浅色 80%”底纹，应用于文字。

（6）将文档中第二段首字下沉 2 行位置，设置字体为“楷体”，距正文“0.2 厘米”。

（7）给第三段第一句话添加蓝色下画线，设置线型为双波浪线，并利用格式刷将此格式复制到第四、五段的第一句。

（8）将文档第三段设置为等宽三分栏，栏间距为“0 字符”，并添加分隔线。

（9）给正文第五段添加下框线，设置线型为双实线，颜色为“红色”，线宽为“0.75 磅”，应用于段落。

（10）将最后一段设置为“悬挂缩进”，度量值设置为“4 字符”。

（11）操作完成后保存并关闭文档。

最终效果如图 3-2-2 所示。

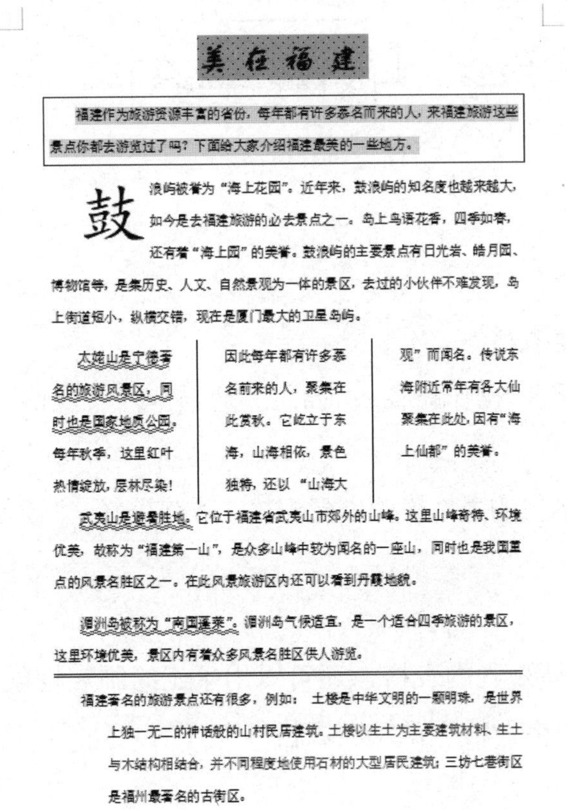

美在福建

福建作为旅游资源丰富的省份，每年都有许多慕名而来的人，来福建旅游这些景点你都去游览过了吗？下面给大家介绍福建最美的一些地方。

鼓浪屿被誉为“海上花园”。近年来，鼓浪屿的知名度也越来越大，如今是去福建旅游的必去景点之一。岛上鸟语花香，四季如春，还有着“海上园”的美誉。鼓浪屿的主要景点有日光岩、皓月园、博物馆等，是集历史、人文、自然景观为一体的景区，去过的小伙伴不难发现，岛上街道短小，纵横交错，现在是厦门最大的卫星岛屿。

太姥山是宁德著名的旅游风景区，同时也是国家地质公园。每年秋季，这里红叶热情绽放，层林尽染！因此每年都有许多慕名前来的人，聚集在此赏秋。它屹立于东海，山海相依，景色独特，还以“山海大观”而闻名。传说东海附近常年有各大仙聚集在此处，因有“海上仙都”的美誉。

武夷山是避暑胜地。它位于福建省武夷山市郊外的山峰。这里山峰奇特、环境优美，故称为“福建第一山”，是众多山峰中较为闻名的一座山，同时也是我国重点的风景名胜区之一。在此风景旅游区内还可以看到丹霞地貌。

湄洲岛被称为“南国蓬莱”。湄洲岛气候适宜，是一个适合四季旅游的景区，这里环境优美，景区内有着众多风景名胜区供人游览。

福建著名的旅游景点还有很多，例如：土楼是中华文明的一颗明珠，是世界上独一无二的神话般的山村民居建筑。土楼以生土为主要建筑材料、生土与木结构相结合，并不同程度地使用石材的大型居民建筑；三坊七巷街区是福州最著名的古街区。

图 3-2-2　最终效果

3.3 制作表格

【学习目标】

- 掌握创建表格的方法。
- 能设置表格的格式。
- 能将文本与表格进行转换。

【思政目标】

- 学习奥运精神,努力拼搏、奋勇争先。
- 树立民族自豪感和自信心,深化爱国主义情怀。

【知识梳理】

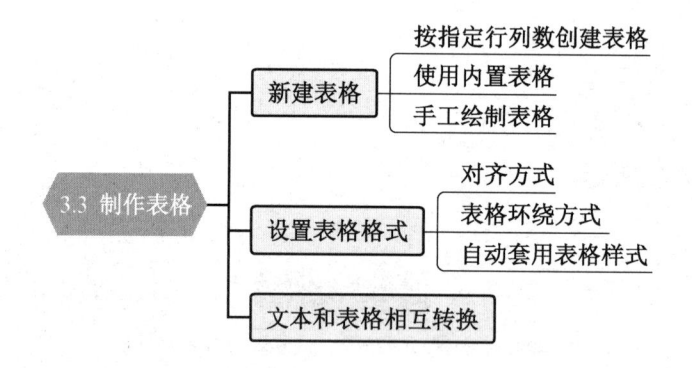

```
                    ┌─ 新建表格 ──┬─ 按指定行列数创建表格
                    │             ├─ 使用内置表格
                    │             └─ 手工绘制表格
                    │
  3.3 制作表格 ─────┼─ 设置表格格式 ┬─ 对齐方式
                    │               ├─ 表格环绕方式
                    │               └─ 自动套用表格样式
                    │
                    └─ 文本和表格相互转换
```

【知识要点】

一、新建表格

1. 按指定行列数创建表格

已知表格的行数和列数,操作路径:"插入"选项卡→"表格"组→"插入表格"。

2. 使用内置表格

在 WPS 中,可使用内置的表格模板创建表格,操作路径:"插入"选项卡→"表格"组→"快速表格"。

3. 手工绘制表格

以上两种方法用于创建规则的表格,还可以用手工绘制表格创建不规则的表格,操作路径:"插入"选项卡→"表格"组→"绘制表格"。

二、设置表格格式

1. 对齐方式

表格的对齐方式包括单元格对齐和表格在文档中对齐两种方式。

(1) 单元格对齐指单元格中的文字对齐,包括水平方向和垂直方向的对齐。

(2) 表格对齐指表格在文档中对齐,包括左对齐、居中、右对齐。

2. 表格环绕方式

表格在文档中可以设置为"无"和"环绕"两种文字环绕方式。

3. 自动套用表格样式

自动套用表格样式指使用办公软件内置的表格样式。

三、文本和表格相互转换

可转换为表格的文本包括带有段落标记的文本和以制表符或空格等符号分隔的文本。

【基础练习】

1. 用 WPS 新建一个空白文档,创建如图 3-3-1 所示的表格并保存。

(1) 新建一个 WPS 文字文档。

(2) 插入一个 6 行 6 列的表格,设置列宽为"2 厘米",行高为"0.5 厘米",对齐方式为"居中对齐"。

(3) 设置表格外框线为"2.25 磅绿色单实线",内框线为"1 磅绿色单实线"。

(4) 将第一行所有单元格合并,并设置黄色底纹。

(5) 保存并关闭文档。

最终效果如图 3-3-1 所示。

图 3-3-1 最终效果

2. 打开素材文档"冬奥会奖牌榜.wps",完成以下操作。

(1) 将文档各项内容以制表符分隔,转换为一个 4 列 16 行的表格。

(2) 将表格第 1 列的列宽设置为"3 厘米",其他列的列宽设置为"2 厘米"。所有行的行高均设置为"0.8厘米",并设置对齐方式为"居中对齐"。

(3)在最右侧插入"奖牌总数"列,并计算奖牌总和。将各代表队按照金牌数从高到低排序。

(4)将表格第1列的文字加粗、靠下居中对齐。

(5)将该表格的外框线设置为"蓝色,单细线,1.5磅",内框线设置为"蓝色,单细线,0.75磅"。

(6)将表格第1行填充蓝色设置为"钢蓝,着色5,浅色60%"。

(7)将表格套用"主题样式1-强调1"表格样式。

最终效果如图3-3-2所示。

国家/地区	金牌	银牌	铜牌	奖牌总数
挪威	16	8	13	37
德国	12	10	5	27
中国	9	4	2	15
美国	8	10	7	25
瑞典	8	5	5	18
荷兰	8	5	4	17
奥地利	7	7	4	18
瑞士	7	2	5	14
俄罗斯奥运队	6	12	14	32
法国	5	7	2	14
加拿大	4	8	14	26
日本	3	6	9	18
意大利	2	7	8	17
韩国	2	5	2	9
斯洛文尼亚	2	3	2	7

图3-3-2 最终效果

3.打开素材文档"课程表.wps",完成以下操作。

(1)表格两侧不加框线,设置上下外边框为"1.5磅",线型为"双细实线"。

(2)设置第一行的底纹图案样式为"80%",颜色为"橙色,着色4,浅色40%"。

(3)设置其他行底纹填充颜色为"橙色,着色4,浅色80%"。

(4)为第一个单元格添加斜线表头。

(5)保存并关闭文档。

最终效果如图3-3-3所示。

星期 节次	星期一	星期二	星期三	星期四	星期五
1	语文	数学	语文	局域网组建	局域网组建
2	语文	数学	语文	局域网组建	局域网组建
3	体育	局域网组建	Python 编程	历史	数学
4	体育	局域网组建	Python 编程	历史	计算机网络基础
5	计算机网络基础	公共艺术	思想政治	英语	英语
6	计算机网络基础	网络安全素养	思想政治	英语	信息技术基础
7	计算机网络基础	网络安全素养	班会	Python 编程	信息技术基础

图 3-3-3　最终效果

4．制作成绩单表格并设置样式。

打开素材文档"成绩单.wps"，完成以下操作。

（1）将文字转换为表格，利用公式计算总分和平均分，平均分保留两位小数，并按总分降序排序。

（2）单元格水平、垂直对齐方式均设置为"居中对齐"，表格对齐方式也设置为"居中对齐"。

（3）设置行高为"0.65 厘米"，"Python 编程"列的列宽为"2.4 厘米"，其他列的列宽为"1.9 厘米"。

（4）设置表格外边框为"绿色，双单细实线"，内边框为"浅绿色，细实线"。

（5）第一行底纹颜色设置为"深灰绿，着色 3，浅色 60%"。

（6）保存并关闭文档。

最终效果如图 3-3-4 所示。

学号	姓名	网络配置	综合布线	Python 编程	总分	平均分
001	董洁	85	90	69	244	81.33
002	张三	95	62	86	243	81.00
005	杨红	72	78	86	236	78.67
003	刘严	65	84	76	225	75.00
004	李明	71	83	54	208	69.33

图 3-3-4　最终效果

3.4　图文表混排

【学习目标】

● 掌握在文档中绘制形状的基本方法。

- 能在文档中插入艺术字和图片。
- 能根据需求绘制功能结构图。
- 能在文档中编制简单公式与模型。
- 能对文档进行图、文、表的混排。

【思政目标】

- 爱岗敬业，强化职业道德。
- 弘扬中国传统文化。

【知识梳理】

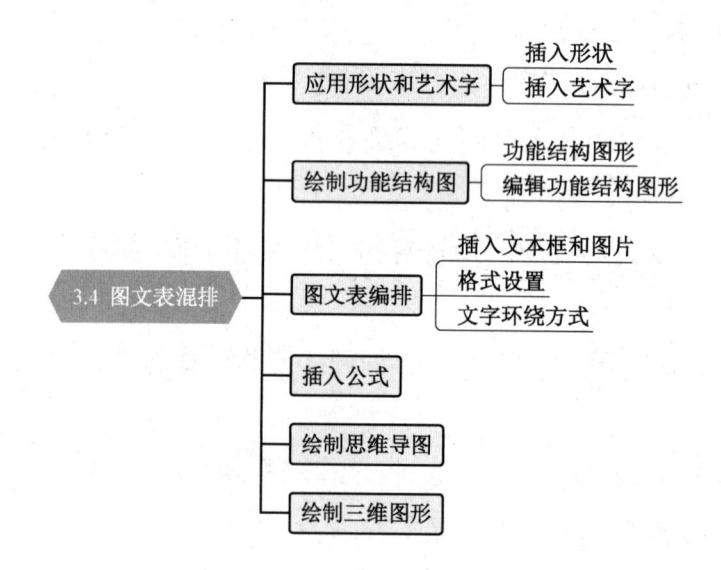

```
                         ┌─ 应用形状和艺术字 ─┬─ 插入形状
                         │                    └─ 插入艺术字
                         │
                         ├─ 绘制功能结构图 ─┬─ 功能结构图形
                         │                  └─ 编辑功能结构图形
                         │
                         │                  ┌─ 插入文本框和图片
            3.4 图文表混排 ─┼─ 图文表编排 ─┼─ 格式设置
                         │                  └─ 文字环绕方式
                         │
                         ├─ 插入公式
                         │
                         ├─ 绘制思维导图
                         │
                         └─ 绘制三维图形
```

【知识要点】

一、应用形状和艺术字

1. 插入形状

单击"插入"→"形状"按钮，选择需要的形状，在文档中按住鼠标左键并拖曳，即可绘制相应的图形。

2. 插入艺术字

合理使用艺术字，能使文档具有更好的视觉效果。单击"插入"→"艺术字"按钮，选择需要的样式，即可插入艺术字。

二、绘制功能结构图

1. 功能结构图形

在文字处理软件中可以创建各种图形，从而快速、轻松、有效地传达信息。在 WPS 文字中，主要图形类型包括列表图、流程图、循环图、层次结构图、关系图、矩阵图、棱锥图等。

2. 编辑功能结构图形

在文档中插入功能结构图形后，可以通过"设计"和"格式"选项卡对插入的功能图形进行编辑，使插入的图形更加美观。

三、图文表编排

1. 插入文本框和图片

使用文本框可以在文档中放置多个文字块，或者使文字排列方向与文档中其他文字不同。具体操作为单击"插入"→"文本框"下拉按钮，选择合适的选项。

在文档中插入图片的方法较简单，除"复制""粘贴"操作外，还可以通过"插入"选项卡实现。具体操作为单击"插入"→"图片"按钮，选择相应的图片。

2. 格式设置

文本框和图片都可以进行格式设置，包含大小、形状、样式、边框、环绕方式等，具体操作为选中对象，选择"绘图工具"（"图片工具"）选项卡，修改格式。

3. 文字环绕方式设置

文字环绕方式指形状、艺术字、表格、文本框、图片等对象在文字中的排列方式。具体操作为选中对象，单击"绘图工具"（"图片工具"）选项卡→"环绕"（"环绕文字"）下拉按钮，选择合适的选项。

四、插入公式

有时需要在文档中插入一些数学、物理公式，文字处理软件提供了强大的公式编辑工具，以便用户使用。具体操作为单击"插入"→"公式"下拉按钮，选择需要的公式。

五、绘制思维导图

思维导图可以把各级主题的关系用相互隶属与相关的层级图表现出来，将主题关键词与图像、颜色等建立记忆链接。

六、绘制三维图形

微软公司的"画图3D"工具软件可以制作精彩2D作品及从所有角度均可操作的3D模型。

【基础练习】

1．打开素材文档“端午节的由来.wps”，完成以下操作。

（1）将标题文字“端午节的由来”设置为艺术字样式“填充-沙棕色，着色 2，轮廓-着色 2”，文字环绕方式为“上下型环绕”，对齐方式为“相对于页、水平居中、顶端对齐”。

（2）插入图片“屈原.jpg”，设置图片大小等比例缩放“40%”，文字环绕方式为“四周型环绕”，对齐方式为“相对于页、水平居中、垂直居中”。

（3）将最后一段文字插入文本框，设置文本框线条格式为“1.5 磅、虚线、短画线”，填充颜色为“黄色”。

（4）保存并关闭文档。

最终效果如图 3-4-1 所示。

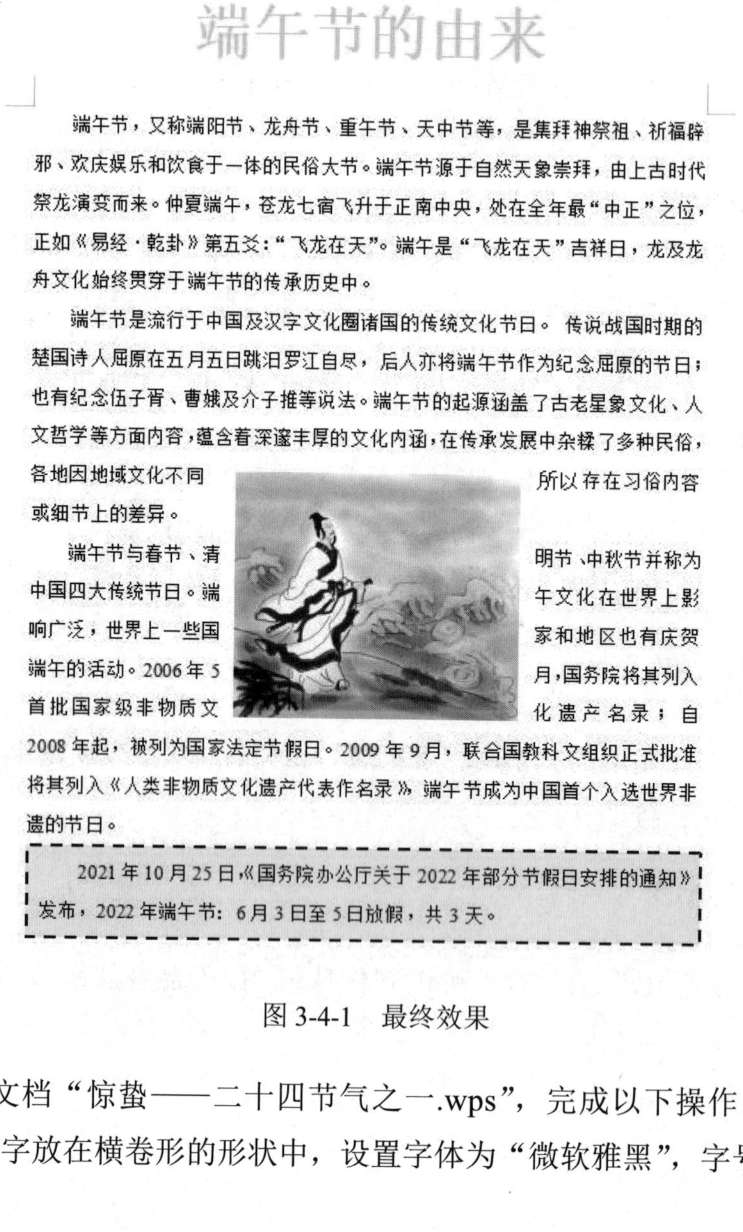
端午节的由来

端午节，又称端阳节、龙舟节、重午节、天中节等，是集拜神祭祖、祈福辟邪、欢庆娱乐和饮食于一体的民俗大节。端午节源于自然天象崇拜，由上古时代祭龙演变而来。仲夏端午，苍龙七宿飞升于正南中央，处在全年最“中正”之位，正如《易经・乾卦》第五爻：“飞龙在天”。端午是“飞龙在天”吉祥日，龙及龙舟文化始终贯穿于端午节的传承历史中。

端午节是流行于中国及汉字文化圈诸国的传统文化节日。传说战国时期的楚国诗人屈原在五月五日跳汨罗江自尽，后人亦将端午节作为纪念屈原的节日；也有纪念伍子胥、曹娥及介子推等说法。端午节的起源涵盖了古老星象文化、人文哲学等方面内容，蕴含着深邃丰厚的文化内涵，在传承发展中杂糅了多种民俗，各地因地域文化不同所以存在习俗内容或细节上的差异。

端午节与春节、清明节、中秋节并称为中国四大传统节日。端午文化在世界上影响广泛，世界上一些国家和地区也有庆贺端午的活动。2006 年 5 月，国务院将其列入首批国家级非物质文化遗产名录；自 2008 年起，被列为国家法定节假日。2009 年 9 月，联合国教科文组织正式批准将其列入《人类非物质文化遗产代表作名录》，端午节成为中国首个入选世界非遗的节日。

2021 年 10 月 25 日，《国务院办公厅关于 2022 年部分节假日安排的通知》发布，2022 年端午节：6 月 3 日至 5 日放假，共 3 天。

图 3-4-1　最终效果

2．打开素材文档“惊蛰——二十四节气之一.wps”，完成以下操作。

（1）将标题文字放在横卷形的形状中，设置字体为“微软雅黑”，字号为“小二”。

（2）设置标题文字的艺术字样式为"渐变填充-金色，轮廓-着色4"，文字环绕方式为"四周型环绕"。

（3）将横卷型套用样式"细微效果-浅绿，强调颜色6"，并对该形状进行填充，组合艺术字和形状图形。

（4）为文中第四、第五段文字添加项目符号"✓"，并添加横排文本框，设置文本框的环绕方式为"上下型"，文本框填充为"黄色"，轮廓为"绿色"。

（5）插入图片"惊蛰.jpg"，设置图片大小等比例缩放"40%"，文字环绕方式设置为"紧密型环绕"，大小缩放"40%"，对齐方式为"居右"。

（6）保存并关闭文档。

最终效果如图3-4-2所示。

图 3-4-2　最终效果

3．打开素材文档"中国空间站.wps"，完成以下操作。

（1）设置页边距为上、下"2厘米"，左、右"2.3厘米"。

（2）设置标题文字格式为"宋体，小二"，对齐方式为"居中对齐"。

（3）设置正文所有文字格式为"黑体、五号"，特殊格式为"首行缩进"，度量值为"2字符"，行距为"1.5 倍行距"。

（4）将正文第六段中文字"飞船最大直径约 3.35 米，发射质量不大于 13 吨。"加红色细单下画线。

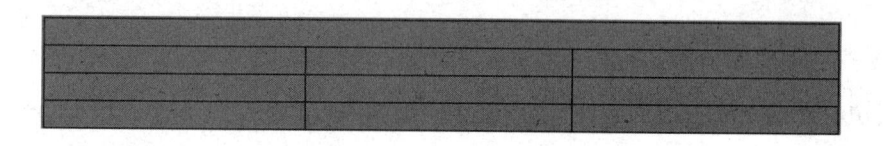

（5）将正文第六段中文字"主要任务："格式设置为"紫色、加粗"，突出显示为红色。

（6）在文档末尾插入一个 4 行 3 列的表格，并将表格第 1 行的 4 个单元格合并，设置表格所有边框颜色为"红色"，底纹填充颜色为"绿色"。

（7）保存并关闭文档。

最终效果如图 3-4-3 所示。

图 3-4-3　最终效果

第4章 数据处理

4.1 采集数据

【学习目标】

- 了解数据处理软件（WPS 表格）的功能和特点。
- 了解工作簿、工作表、单元格等基本概念。
- 掌握利用工作表标签复制、移动和重命名工作表。
- 熟练掌握行、列的新增、删除及行高、列宽的设置。
- 熟练掌握单元格数据类型的设置。
- 熟练使用填充柄填充数据。
- 熟练掌握单元格的格式化操作。

【思政目标】

- 爱岗敬业，强化职业道德。
- 培育和践行社会主义核心价值观。

【知识梳理】

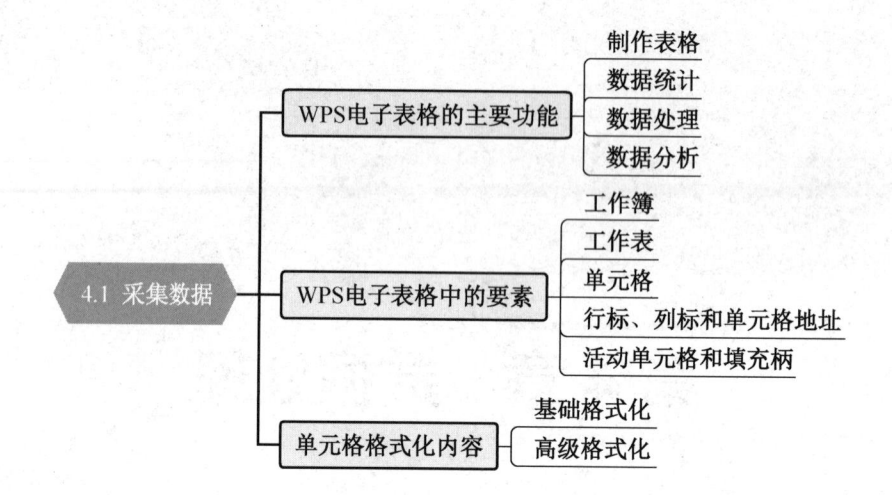

```
                                            ┌─ 制作表格
                          ┌─ WPS电子表格的主要功能 ─┤─ 数据统计
                          │                      ├─ 数据处理
                          │                      └─ 数据分析
                          │
                          │                      ┌─ 工作簿
                          │                      ├─ 工作表
4.1 采集数据 ─────────────┼─ WPS电子表格中的要素 ─┤─ 单元格
                          │                      ├─ 行标、列标和单元格地址
                          │                      └─ 活动单元格和填充柄
                          │
                          │                      ┌─ 基础格式化
                          └─ 单元格格式化内容 ────┤
                                                 └─ 高级格式化
```

【知识要点】

一、WPS 电子表格的主要功能

（1）制作表格：可以制作各种表格。

（2）数据统计：可以利用公式或软件自带的函数快速完成各种计算。

（3）数据处理：包括数据筛选、排序、分类汇总等。

（4）数据分析：可以制作各种图表帮助分析数据。

二、WPS 电子表格中的要素

1. 工作簿

工作簿是处理和存储数据的文件。一个工作簿就是一个表格文件，其扩展名为"et"，也可以保存为 XLSX 文件格式。

2. 工作表

工作表用于组织和管理数据。新建一个工作簿，默认包含 1 个"Sheet1"工作表。

工作表的名称显示在工作表标签上，通过右击工作表标签可以实现工作表重命名及工作表的复制、移动、删除等操作。

3. 单元格

工作表中行列交叉位置的小方格就是一个单元格，工作表的数据就存储在这些单元格内。

4. 行标、列标和单元格地址

（1）WPS 电子表格中工作表的列标是大写字母，行标是阿拉伯数字。

（2）单元格地址就是单元格在工作表中的位置，其组成格式是"列标+行号"，当前单元格的地址会显示在名称框中。

（3）一个连续矩形区域的单元格地址以"左上角单元格地址:右下角单元格地址"的形式表示，如从 A1 到 C3，共 9 个单元格的地址表示为 A1:C3。

5. 活动单元格和填充柄

（1）活动单元格就是当前正在操作的单元格。单击某个单元格，这个单元格就成为活动单元格，它的地址会出现在名称框中，它的内容会显示在编辑栏中。

（2）当鼠标指针指向活动单元格右下角的小方块时，鼠标指针变成十字形，按住鼠标左键拖曳填充柄可以按某种规律填充数据或公式。填充柄有三种作用：填充数据、填充数据序列、填充公式。

三、单元格格式化内容

（1）基础格式化：单元格合并、对齐方式，数据类型设置和边框底纹设置。

（2）高级格式化：条件格式和自动套用样式。

【基础练习】

1. 打开素材"WPS 数据采集"文件夹中的"4-1-1.et"文件，在"Sheet1"工作表中完成以下操作。

（1）使用填充柄填充员工编号。

（2）将 A1:F1 单元格区域合并居中，输入表格标题文字"公司员工人事档案表"，将标题的字符格式设置为"隶书、22"。

（3）设置表格第 1 行的行高为"50 磅"，第 2 行的行高为"30 磅"，第 3~8 行的行高为"20 磅"。

（4）设置 C、D、F 列的列宽为"20 字符"。

（5）设置 F3:F8 单元格区域的单元格格式为"日期"，类型为"2001 年 3 月 7 日"。

（6）设置 A2:F8 单元格区域内边框为"蓝色、单实线"，外边框为"绿色、双实线"。

（7）设置第 2 行列标题的对齐方式为"水平居中"，并填充浅绿色底纹。

（8）将"Sheet1"工作表重命名为"员工基本信息表"。

（9）复制"员工基本信息表"工作表，建立副本"Sheet2"，放在当前工作表的右侧。

（10）删除"Sheet2"工作表。

（11）保存并关闭工作簿。

最终效果如图 4-1-1 所示。

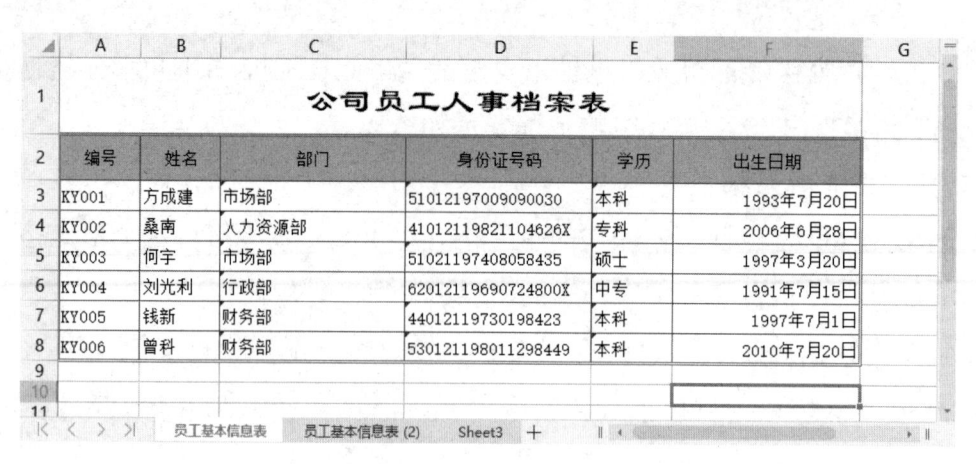

图 4-1-1　最终效果

2. 打开素材"WPS 数据采集"文件夹中的"4-1-2.et"文件，在"Sheet1"工作表中完成以下操作。

（1）将 A1:D1 单元格区域合并居中，输入表格标题文字"第三季度物流成本核算表"设置字符格式为"华文行楷、24 号、加粗"，颜色为"红色"。

（2）设置第 1 行的行高为"30 磅"，第 2～9 行的行高为"25 磅"。

（3）设置 A～D 列的列宽为"25 字符"，对齐方式为"居中对齐"。

（4）设置 B2:B10 单元格区域中数值小于 7500 的单元格为"浅红色填充深红色文本"。

（5）设置 C2:C10 单元格区域中数值大于 8000 的单元格为"绿色填充深绿色文本"。

（6）设置 D2:D10 单元格区域为"数据条-渐变填充-紫色数据条"。

（7）将 A2:D10 单元格区域套用"表样式中等深浅 2"的表格样式。

（8）将该工作表重命名为"第三季度物流成本核算表"。

（9）保存并关闭工作簿。

最终效果如图 4-1-2 所示。

图 4-1-2　最终效果

3．打开素材“WPS 数据采集”文件夹中的“4-1-3.et”文件，在“Sheet1”工作表中完成以下操作并保存。

（1）将 A1:H1 标题区域合并居中，设置标题的字符格式为“微软雅黑、22 号、加粗、倾斜”，并添加双下画线。

（2）填充 A4:A15 单元格区域的产品编号。

（3）设置第 1 行的行高为“35 磅”，第 2～15 行的行高为“25 磅”。

（4）设置 A～H 列列宽为“15 字符”。

（5）设置 A2:H2 列标题区域单元格的对齐方式为“水平居中、垂直居中”，设置列标题字符格式为“幼圆、12 号、加粗”。

（6）设置 E3:G15 数据区域单元格格式为“货币”，货币符号为“￥”，并保留 2 位小数。

（7）使用条件格式，将 G3:G15 单元格区域中数值高于平均值的单元格设置为“浅红色填充深红色文本”。

（8）将 A2:H15 单元格区域填充“所有框线”。

（9）将 A2:H2 单元格区域填充“培安紫，着色 4，浅色 60%”的底纹。

（10）保存并关闭工作簿。

最终效果如图 4-1-3 所示。

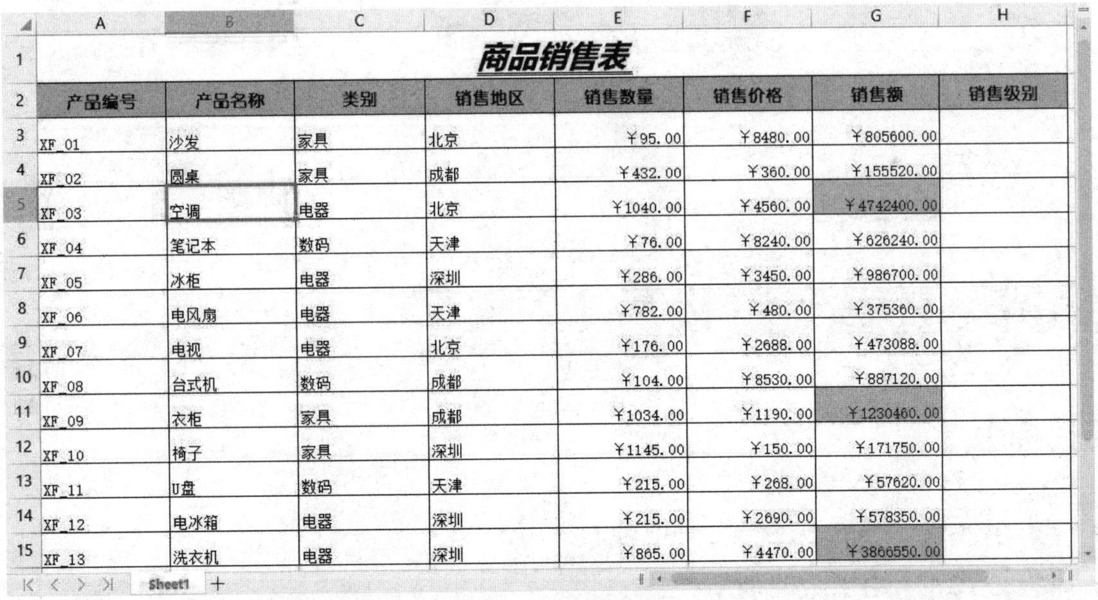

	A	B	C	D	E	F	G	H
1	商品销售表							
2	产品编号	产品名称	类别	销售地区	销售数量	销售价格	销售额	销售级别
3	XF_01	沙发	家具	北京	￥95.00	￥8480.00	￥805600.00	
4	XF_02	圆桌	家具	成都	￥432.00	￥360.00	￥155520.00	
5	XF_03	空调	电器	北京	￥1040.00	￥4560.00	￥4742400.00	
6	XF_04	笔记本	数码	天津	￥76.00	￥8240.00	￥626240.00	
7	XF_05	冰柜	电器	深圳	￥286.00	￥3450.00	￥986700.00	
8	XF_06	电风扇	电器	天津	￥782.00	￥480.00	￥375360.00	
9	XF_07	电视	电器	北京	￥176.00	￥2688.00	￥473088.00	
10	XF_08	台式机	数码	成都	￥104.00	￥8530.00	￥887120.00	
11	XF_09	衣柜	家具	成都	￥1034.00	￥1190.00	￥1230460.00	
12	XF_10	椅子	家具	深圳	￥1145.00	￥150.00	￥171750.00	
13	XF_11	U盘	数码	天津	￥215.00	￥268.00	￥57620.00	
14	XF_12	电冰箱	电器	深圳	￥215.00	￥2690.00	￥578350.00	
15	XF_13	洗衣机	电器	深圳	￥865.00	￥4470.00	￥3866550.00	

图 4-1-3　最终效果

4．打开素材“WPS 数据采集”文件夹中的“4-1-4.et”文件，在“Sheet1”工作表中完成以下操作。

（1）将 A1:D1 单元格区域合并，并设置对齐方式为“水平居中、垂直靠下”，字符格式为“华文新魏、26 号、加粗”，颜色为“蓝色”。

（2）设置 A～D 列的列宽为"18 字符"。

（3）设置第 2～7 行的行高为"22 磅"。

（4）设置 B3:D7 单元格区域的单元格格式为"会计专用"，并保留 1 位小数。

（5）设置 A2:D2 单元格区域的字体为"华文细黑"，A3:D7 单元格区域字体为"楷体"。

（6）设置 B3:D7 单元格区域条件格式为"数据条-实心填充-蓝色数据条"。

（7）将 A2:D7 单元格区域套用"表样式浅色 14"的表格样式。

（8）将该工作表重命名为"季度销售情况表"。

（9）复制"季度销售情况表"工作表并放在当前工作表的右侧。

（10）保存并关闭工作簿。

最终效果如图 4-1-4 所示。

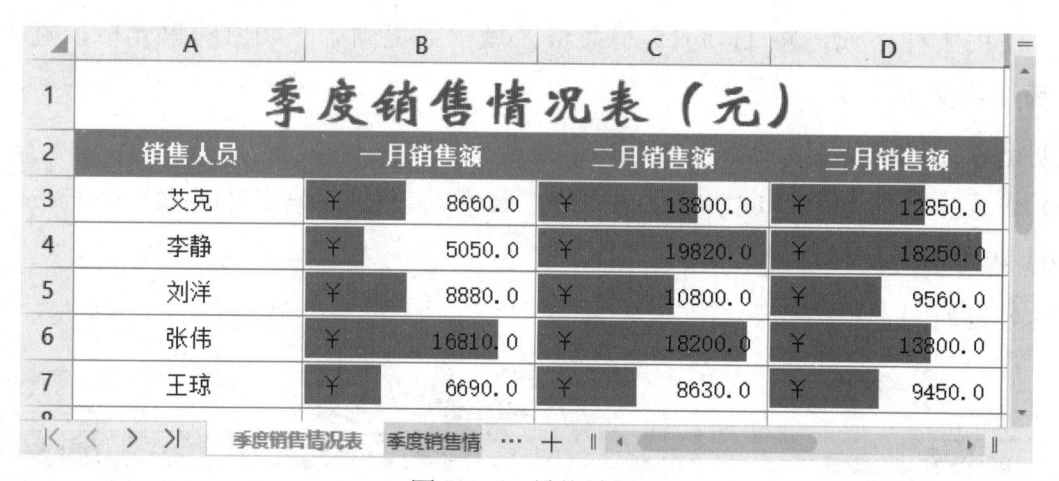

图 4-1-4　最终效果

4.2　加工数据

【学习目标】

- 掌握单元格的绝对地址和相对地址的引用。
- 掌握公式和常用函数的使用。
- 掌握数据的自动筛选、条件筛选。
- 掌握工作表的排序方法。
- 掌握工作表分类汇总的方法。

【思政目标】

- 强化信息安全意识。
- 培育和践行社会主义核心价值观。

【知识梳理】

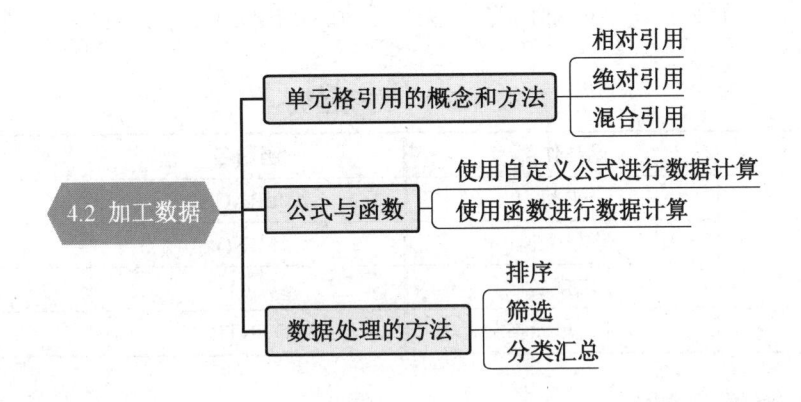

```
                          ┌─ 单元格引用的概念和方法 ─┬─ 相对引用
                          │                          ├─ 绝对引用
                          │                          └─ 混合引用
         4.2 加工数据 ─────┼─ 公式与函数 ─────────────┬─ 使用自定义公式进行数据计算
                          │                          └─ 使用函数进行数据计算
                          │                          ┌─ 排序
                          └─ 数据处理的方法 ─────────┼─ 筛选
                                                     └─ 分类汇总
```

【知识要点】

一、单元格引用的概念和方法

1. 概念

一个单元格中的内容被其他单元格中的公式或函数所使用称为引用,该单元格地址称为引用地址。

2. 方法

(1) 相对引用:被引用单元格与引用单元格的位置是相对的,引用单元格的位置发生了改变,被引用单元格的位置也随之改变。

(2) 绝对引用:被引用单元格的位置是固定的,引用单元格的位置发生了改变,被引用单元格的位置不变。绝对引用时在行号与列号的前面分别加上"＄"符号,如"＄B＄1"。

(3) 混合引用:混合引用分为两种,相对引用行绝对引用列,如＄B1;相对引用列绝对引用行,如B＄1。

二、公式与函数

1. 使用自定义公式进行数据计算

公式是指由运算符号、单元格地址、常量或函数等组成的一个合法的表达式。公式以"="号开头,后面连接一个表达式。算术运算符号有加(+)、减(-)、乘(*)、除(/)、乘方(^)和百分号运算符(%);文本运算符号"&"用于连接文本;关系运算符号有等于(=)、不等于（<>）、大于（>）、小于（<）、大于等于（>=）和小于等于（<=）。

2. 使用函数进行数据计算

函数是指 WPS 已经定义好的能实现某种计算功能的公式。函数的格式是"函数名（参数列表）"，参数指参与计算的数据，参数可以是具体数据或单元格地址，参数列表可以包含一个或多个由逗号隔开的参数。函数若以公式的形式出现，则需在函数的名称前输入等号。

WPS 电子表格中自带了多个内部函数，重点掌握以下几个常用的函数，如表 4-2-1 所示。

表 4-2-1　常用函数

函数名	函数作用	函数名	函数作用
SUM()	求和	AVERAGE()	求平均值
MAX()	求最大值	MIN()	求最小值
RANK()	求排名	IF()	条件函数
COUNT()	统计非空单元格数目	COUNTIF()	条件计数

三、数据处理的方法

（1）排序：指工作表中的数据根据需要把无序的数据按升序（从小到大顺序）、降序（从大到小顺序）或自定义序列重新排列。排序分为单条件排序和多重排序（多关键字排序）。

（2）筛选：指显示某些符合条件的数据记录，暂时隐藏不符合条件的数据记录，便于在复杂的数据中查看满足条件的数据。筛选分为自动筛选和自定义筛选（条件筛选）两种方式。

（3）分类汇总：指数据表格中的数据根据某一个字段，分成若干类，然后对每类中的指定数据进行汇总运算，如求和、求平均值、求最大值、求最小值、求乘积、计数等。需要注意的是，分类汇总之前需要对分类字段进行排序。

【基础练习】

1. 打开素材"WPS 数据加工"文件夹中的"4-2-1.et"文件，在"Sheet1"工作表中完成以下操作。

（1）将 A1:F1 单元格区域合并居中。

（2）设置 A1 单元格字符格式为"黑体、28 号、加粗"，并添加双下画线。

（3）设置 F 列的列宽为"15 字符"，第 3~16 行的行高为"25 磅"。

（4）使用求和函数计算 B16:E16 单元格区域的数据。

（5）使用自定义公式"增长率=（2019 年利润-2018 年利润）/2018 年利润"计算"2019 年同比增长率"列数据，结果设置为百分比，并保留一位小数。

（6）设置 A3:F3 单元格区域水平居中对齐。

（7）保存并关闭工作簿。

最终效果如图 4-2-1 所示。

	A	B	C	D	E	F
1	2016—2019年净利润分析					
2						单位（万元）
3	月份	2016年	2017年	2018年	2019年	2019年同比增长率
4	一月	437	551	724	852	17.7%
5	二月	509	612	732	860	17.5%
6	三月	308	280	400	728	82.0%
7	四月	468	570	600	800	33.3%
8	五月	414	604	741	886	19.6%
9	六月	223	500	400	1200	200.0%
10	七月	328	482	446	851	90.8%
11	八月	568	489	712	841	18.1%
12	九月	300	649	780	980	25.6%
13	十月	458	490	857	1001	16.8%
14	十一月	282	491	928	1358	46.3%
15	十二月	358	541	639	904	41.5%
16	总和	4653	6259	7959	11261	

Sheet1　Sheet2

图 4-2-1　最终效果

2．打开素材“WPS 数据加工”文件夹中的“4-2-2.et”文件，在“Sheet1”工作表中完成以下操作。

（1）将 A1:G1 单元格区域合并居中，设置标题字符格式为“隶书、24 号”，字体颜色为“红色”。

（2）将 A2:G2 单元格区域文字水平居中，填充橙色底纹。

（3）将 A3:A22 单元格区域设置为日期格式。

（4）使用自定义公式“销售额=销售数量*销售单价”计算“销售额”列的内容。

（5）将 A23:F23 单元格区域合并居中，并在 G23 单元格中求出销售额最高值。

（6）将 A24:F24 单元格区域合并居中，并在 G24 单元格中求出销售额最低值。

（7）将 A2:G24 单元格区域添加“全部框线”。

（8）保存并关闭工作簿。

最终效果如图 4-2-2 所示。

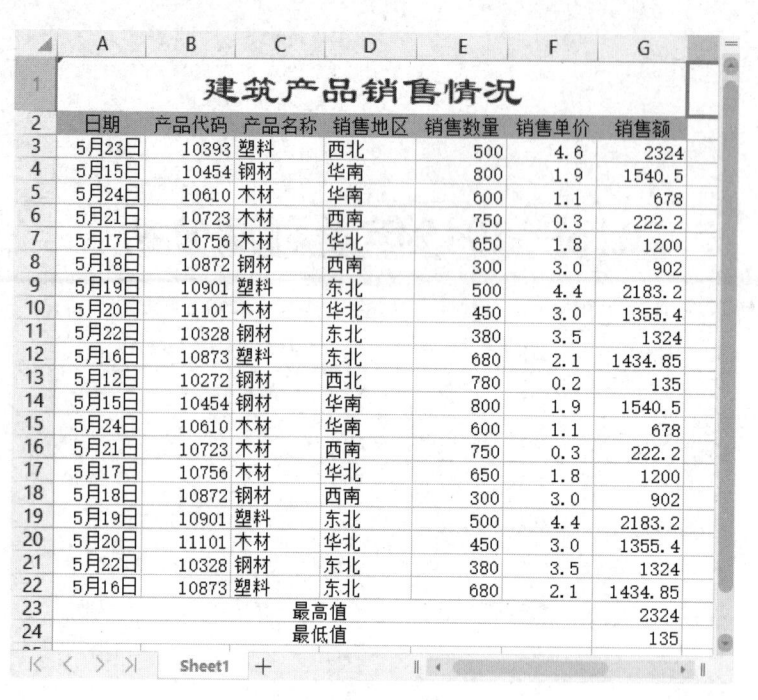

图 4-2-2　最终效果

3. 打开素材"WPS 数据加工"文件夹中的"4-2-3.et"文件，在"Sheet1"工作表中完成以下操作。

（1）设置列标题区域文本对齐方式为"居中对齐"，字体为"幼圆"，字号为"14 号"。

（2）设置 A3:F11 单元格区域字体为"楷体"。

（3）设置 A～F 列的列宽为"15 字符"。

（4）使用函数计算出 F 列中所有同学的总分。

（5）合并 A11:B11 单元格，计算所有课程的平均分，结果保留一位小数，放在 C11:E11 单元格区域。

（6）选取 A2:F10 单元格区域，按学号的数值升序排序。

（7）将 A2:F11 单元格区域套用"表样式浅色 2"的表格样式。

（8）保存并关闭工作簿。

最终效果如图 4-2-3 所示。

图 4-2-3　最终效果

4．打开素材"WPS 数据加工"文件夹中的"4-2-4.et"文件，在"Sheet1"工作表中完成以下操作。

（1）将 A1:F1 单元格区域合并居中，设置字体为"楷体、28 号、加粗、倾斜"，字体颜色为"蓝色"。

（2）设置第 1 行的行高为"30 磅"。

（3）使用自定义公式"销售业绩=单价*销售数量"计算每个员工的销售业绩，结果保留两位小数，放在 F3:F16 单元格区域。

（4）设置 A2:F2 单元格区域字体为"华文细黑"，对齐方式为"居中对齐"。

（5）给 A2:F18 单元格区域添加全部框线，并填充"钢蓝，着色1，浅色80%"的底纹。

（6）选中 A2:F16 单元格区域，以所在部门为关键字升序排序。

（7）将工作表重命名为"销售业绩表"，并复制一份放在当前工作表右侧。

（8）将复制的"销售业绩表（2）"工作表重命名为"销售统计分析表"。

（9）在"销售业绩表"工作表中筛选出销售业绩大于 80000 的女员工。

（10）在"销售分析统计表"工作表中以所在部门为分类字段，分类汇总各部门的平均销售业绩。

（11）保存并关闭工作簿。

最终效果如图 4-2-4 所示。

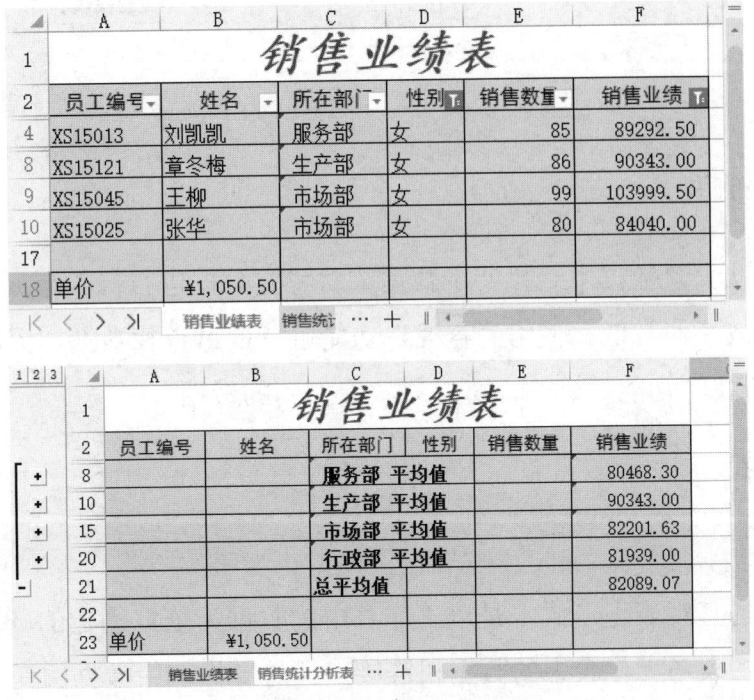

图 4-2-4　最终效果

4.3 分析数据

【学习目标】

- 能熟练使用"查找"和"替换"功能。
- 掌握常用图表的制作。
- 掌握数据透视表的制作。

【思政目标】

- 爱岗敬业,强化职业道德。
- 培养严谨的工作态度,大力弘扬工匠精神。

【知识梳理】

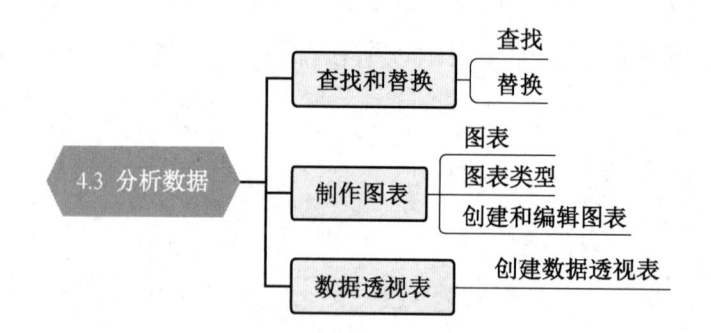

```
                        ┌── 查找和替换 ──┬── 查找
                        │                └── 替换
                        │                ┌── 图表
        4.3 分析数据 ────┼── 制作图表 ────┼── 图表类型
                        │                └── 创建和编辑图表
                        └── 数据透视表 ───── 创建数据透视表
```

【知识要点】

一、查找和替换

(1)查找:要从大量数据中查找特定数据或对特定数据进行修改,如果采用手工方式查找或修改数据,则效率非常低。使用"查找"功能可以批量查找数据,提高查找效率。

(2)替换:"查找"功能的延伸,可以修改查找到的数据。

二、制作图表

1. 图表

图表是工作表的直观表现形式,是以工作表中的数据为依据创建的。要建立图表就必须先建立好工作表。图表与工作表中的数据相链接,并随工作表中数据的变化而自动调整。

2. 图表类型

WPS 电子表格具有多种图表,基本的图表类型有柱状图、折线图、饼图、条形图、条形图等，还可以联网获取最新的图表模板。

3. 创建和编辑图表

（1）创建图表：选中要创建图表的单元格，单击"插入"选项卡下的"全部图表"按钮，选择需要的图表类型。

（2）编辑图表：选中图表，单击"图表工具"选项卡，进行相应的操作。

三、数据透视表

（1）数据透视表是一种快速汇总大量数据的交互方式，使用数据透视表可以深入分析数据。

（2）当版面布置发生改变时，数据透视表会立即按照新的布置重新计算数据。若原始数据发生更改，则可以更新数据透视表。

【基础练习】

1. 打开素材"WPS 数据分析"文件夹中的"4-3-1.et"文件，在"Sheet1"工作表中完成以下操作。

（1）使用填充柄填充编号。

（2）将 A1:D1 单元格区域合并居中，将标题的字符格式设置为"黑体、22 号"。

（3）查找文本内容"公资"，并替换为"工资"。

（4）利用 SUM 函数计算"工资合计"列（D3:D17 单元格区域）的内容。

（5）将 A1:D17 单元格区域添加蓝色双实线外边框，红色单实线内边框。

（6）将工作表重命名为"员工工资表"。

（7）保存并关闭工作簿。

最终效果如图 4-3-1 所示。

	A	B	C	D
1		工资表		
2	工号	基本工资	岗位津贴	工资合计
3	A01	7852	6224	14076
4	A02	5270	5184	10454
5	A03	8132	7265	15397
6	A04	6329	5184	11513
7	A05	7412	6224	13636
8	A06	7852	6224	14076
9	A07	7375	5184	12559
10	A08	8132	7265	15397
11	A09	6329	5184	11513
12	A10	7412	6224	13636
13	A11	7852	6224	14076
14	A12	7375	5184	12559
15	A13	8132	7265	15397
16	A14	5270	5184	10454
17	A15	7412	6224	13636

图 4-3-1　最终效果

2. 打开素材"WPS 数据采集"文件夹中的"4-3-2.et"文件,在工作表中完成以下操作。

(1) 在表格第 1 行上方插入 1 行,输入标题文字"产品销售情况表"。

(2) 将 A1:E1 单元格区域合并居中,设置标题行的行高为"30 磅"。

(3) 将 A1:E20 单元格区域套用"表样式中等深浅 9"的表格样式。

(4) 利用 RANK 函数计算所有产品的"销售量排名"(D3:D20 单元格区域)。

(5) 利用条件格式设置销售数量大于 100 的单元格(C3:C20 单元格区域)为"浅红色填充"。

(6) 选取表格中"月份"列(A3:A20 单元格区域)、"产品名称"列(B3:B20 单元格区域)、"销售额"列(D3:D20 单元格区域)建立"三维饼图"。

(7) 设置图表标题为"产品销售情况图",位于图表上方,图例位置为"靠下",并将图表放置于 F5:K20 单元格区域内。

(8) 将工作簿保存并关闭。

最终效果如图 4-3-2 所示。

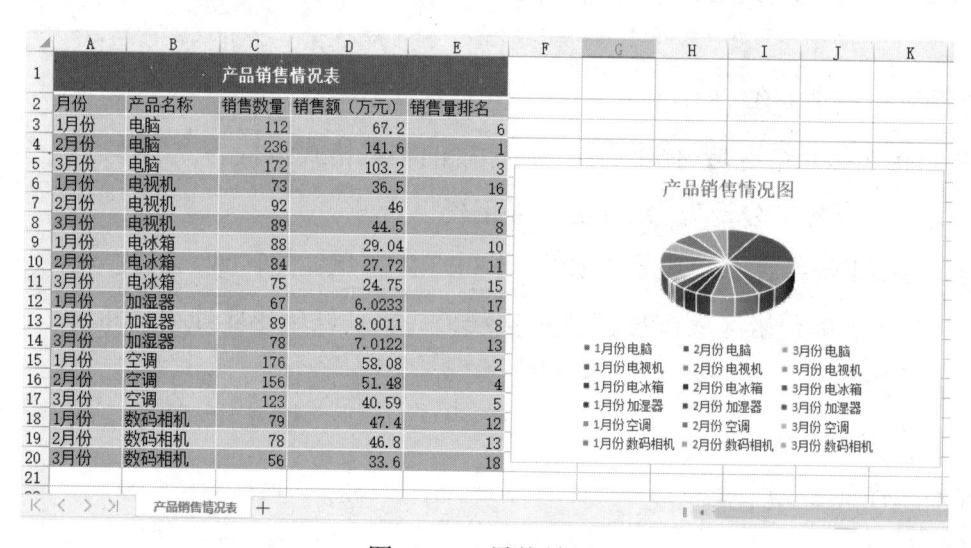

图 4-3-2 最终效果

3. 打开素材"WPS 数据采集"文件夹中的"4-3-3.et"文件,在工作表中完成以下操作。

(1) 查找文本内容"冰厢",并全部替换为"冰箱"。

(2) 设置 A~G 列为"最适合的列宽"。

(3) 利用自定义公式计算"销售额"列(E2:E10 单元格区域)的数值并设置单元格格式为"货币(¥)",不保留小数点。

(4) 利用 RANK 函数计算"销售量排名"列(F2:F10 单元格区域)和"销售额排名"列(G2:G10 单元格区域)的数值。

(5) 利用 SUMIF 函数分别在 B11、B12、B13 单元格中计算各小组的销售总额。

（6）设置表头区域（A1:G1 单元格区域）的字符格式为"楷体、12 号、加粗"，字体颜色为"红色"；设置其他区域（A2:G13 单元格区域）的字符格式为"楷体、10 号"，字体颜色为"钢蓝，着色 1"。

（7）设置文本对齐方式为"垂直居中、水平居中"。

（8）对表格（A1:G10 数据区域）内容建立数据透视表，设置数据透视表区域，其中，行为"小组"，列为"类别"，值为"销售额（元）"，设置值汇总依据为"求和布局"，并置于表格下方。

（9）保存并关闭工作簿。

最终效果如图 4-3-3 所示。

	A	B	C	D	E	F	G	H	I	J	K
1	类别	小组	单价(元)	销售数量	销售额(元)	销售数量排名	销售额排名				
2	A冰箱	一组	2580	124	¥319920	9	6				
3	A洗衣机	二组	1599	321	¥513279	2	3				
4	A热水器	三组	1099	435	¥478065	1	4				
5	B冰箱	一组	2890	256	¥739840	3	2				
6	B洗衣机	二组	1650	167	¥275550	7	7				
7	B热水器	三组	2258	157	¥354506	8	5				
8	C冰箱	一组	1080	187	¥201960	6	9				
9	C洗衣机	二组	1200	213	¥255600	4	8				
10	C热水器	三组	3880	196	¥760480	5	1				
11	一组销售总额	1261720									
12	二组销售总额	1044429									
13	三组销售总额	1593051									
14	求和项:销售额(元)	类别									
15	小组		A冰箱	A热水器	A洗衣机	B冰箱	B热水器	B洗衣机	C冰箱	C热水器	C洗衣机	总计
16	二组				513279			275550			255600	1044429
17	三组			478065			354506			760480		1593051
18	一组		319920			739840			201960			1261720
19	总计		319920	478065	513279	739840	354506	275550	201960	760480	255600	3899200

图 4-3-3　最终效果

4．打开素材"WPS 数据采集"文件夹中的"4-1-4.et"文件，在工作表中完成以下操作。

（1）将 A1:D1 单元格区域合并居中。

（2）利用 COUNTIF 函数在 G5、G6、G7 单元格中计算各职称等级的人数。

（3）利用条件格式对 F4:G7 单元格区域设置"绿-黄-红色阶"。

（4）复制"Sheet 1"工作表，建立副本"Sheet 2"，放在当前工作表的右侧。

（5）将"Sheet 2"工作表重命名为"工资表"。

（6）在"工资表"中选取"职称等级"列（C4:C14 单元格区域）和"基本工资"列（D4:D14 单元格区域）建立"堆积柱形图"。

（7）设置图表标题为"工资统计图"，背景墙格式为"纹理填充"，填充样式为"纸纹 2"，并将图表放置于 A15:E27 单元格区域内。

（8）对表格（A2:D14 数据区域）内容建立数据透视表，放置位置为"新工作表"。

（9）设置数据透视表区域，其中，行为"职称等级"，列为"职工号"，值为"基本工资"，设置值汇总依据为"求和布局"。

（10）保存并关闭工作簿。

最终效果如图 4-3-4 所示。

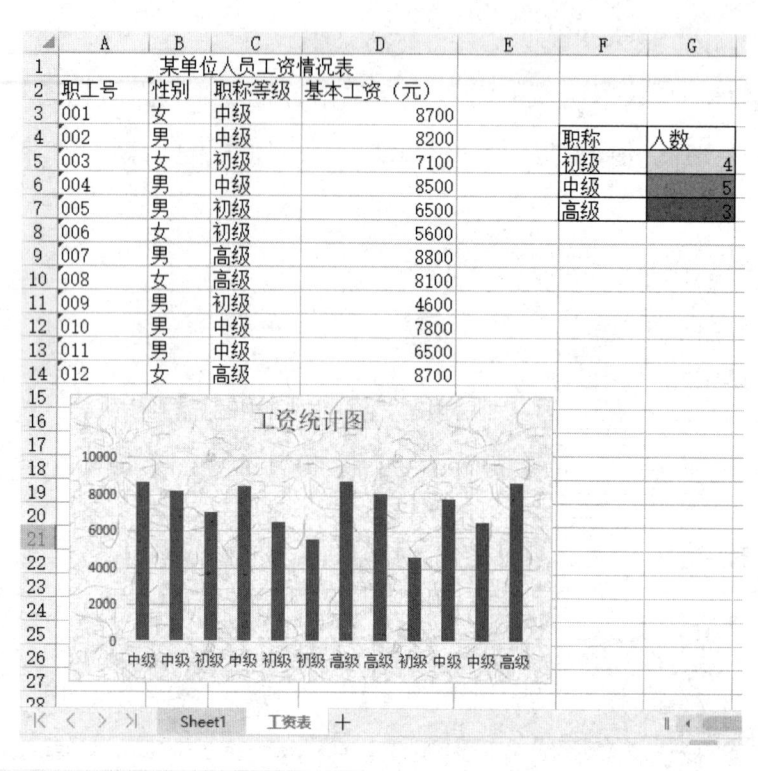

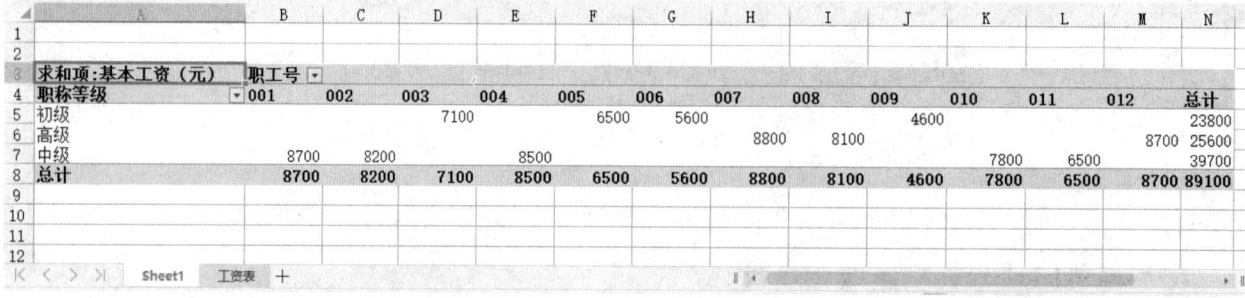

图 4-3-4　最终效果

4.4　初识大数据

【学习目标】

- 了解大数据的基础知识。
- 了解大数据采集与分析方法。

第4章 数据处理

【思政目标】

- 爱岗敬业，强化职业道德。
- 培养数据安全意识，大力弘扬工匠精神。

【知识梳理】

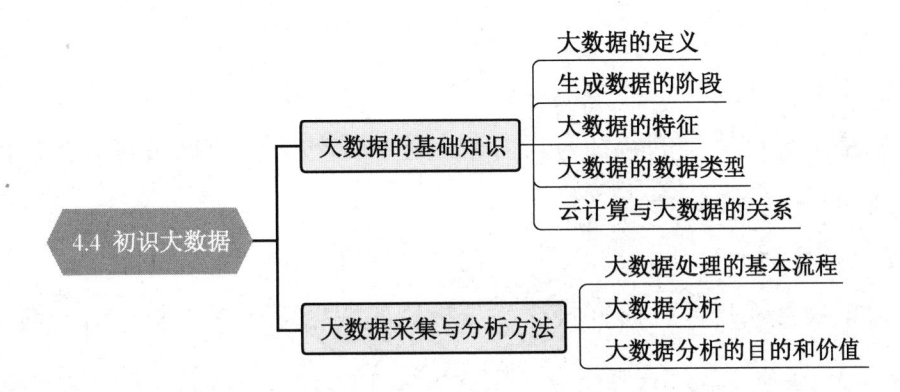

```
                              ┌─ 大数据的定义
                              ├─ 生成数据的阶段
                  ┌─大数据的基础知识─┼─ 大数据的特征
                  │                ├─ 大数据的数据类型
4.4 初识大数据 ────┤                └─ 云计算与大数据的关系
                  │                ┌─ 大数据处理的基本流程
                  └─大数据采集与分析方法─┼─ 大数据分析
                                   └─ 大数据分析的目的和价值
```

【知识要点】

一、大数据的基础知识

1. 大数据的定义

大数据是现有数据库管理工具和传统数据处理应用方法很难处理的大型、复杂的数据集，大数据技术能从各种类型的数据中快速获取有价值的信息，其范畴包括大数据的采集、存储、搜索、共享、传输、分析和可视化等。

2. 生成数据的阶段

（1）被动式生成数据。

（2）主动式生成数据。

（3）感知生成数据。

3. 大数据的特征

大数据具有规模性、多样性、高速性和价值性等特征。

4. 大数据的数据类型

（1）结构化数据。

（2）非结构化数据。

（3）半结构化数据。

5. 云计算与大数据的关系

云计算的本质是数据处理技术，数据是资产，云计算为数据资产提供了存储、访问的场所和计算能力。云计算是基础设施架构，大数据是思想方法，大数据技术帮助人们从大体量、高度复杂的数据中分析、挖掘信息，从而发现价值，预测趋势。

二、大数据采集与分析方法

1. 大数据处理的基本流程

大数据的处理流程主要包括数据收集、数据预处理、数据存储、数据处理与分析、数据展示/数据可视化、数据应用等环节。

2. 大数据分析

大数据分析是指采用适当的统计分析方法对收集来的大量数据进行分析，提取有用信息并形成结论的过程。

3. 大数据分析目的和价值

人们通过数据来发现规律、研究规律，分析后的数据可在决策前，给人们提供正确的方向指示。

【基础练习】

1. 下列选项中，不属于大数据对人才能力的要求是（　　）。
    A．沟通能力   B．逻辑思维能力
    C．IT技术能力   D．数学统计能力
2. 大数据的本质是（　　）。
    A．挖掘   B．洞察
    C．探索   D．关联
3. 大数据作为数据集合的含义不包含（　　）。
    A．含大价值   B．数据大
    C．变化快   D．构成复杂
4. 大数据起源于（　　）。
    A．金融   B．电信
    C．公共管理   D．互联网
5. 大数据时代，数据使用最关键的是数据的（　　）。
    A．分析   B．收集
    C．再利用   D．存储
6. 大数据最大的特点是（　　）。
    A．数据规模大   B．数据价值密度高
    C．数据处理速度快   D．数据收集

7. 云计算的特点不包括（　　）。
　　A．高性价比　　　　　　　B．传感技术
　　C．通信技术　　　　　　　D．新材料技术
8. 大数据价值的关键在于对数据的加工和（　　）能力。
　　A．获取　　　　　　　　　B．清洗
　　C．采集　　　　　　　　　D．分析
9. 当前大数据技术的基础是由（　　）首先提出的。
　　A．微软　　　　　　　　　B．阿里巴巴
　　C．谷歌　　　　　　　　　D．百度
10. 云计算不包括下列哪种类型？（　　）
　　A．公有云　　　　　　　　B．私有云
　　C．云端　　　　　　　　　D．混合云

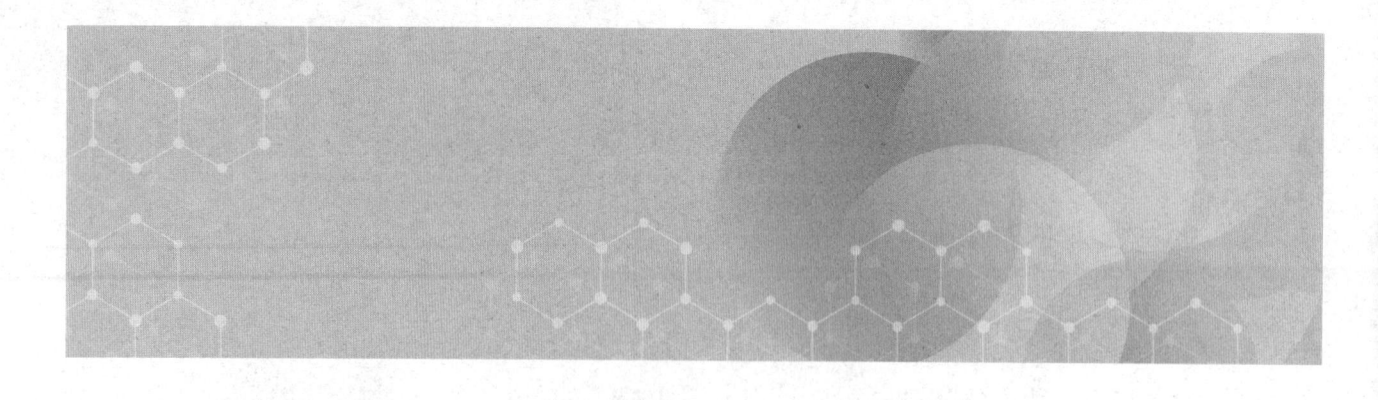

第 5 章 程序设计入门（Python）

5.1 了解程序设计语言

【学习目标】

- 了解程序设计语言的定义和分类。
- 了解 Python 语言的优缺点。
- 了解 Python 运行环境的搭建方法。
- 掌握使用 PyCharm 开发 Python 程序的方法。

【思政目标】

- 爱岗敬业，强化技能。
- 培养严谨的工作态度，大力弘扬工匠精神。

【知识梳理】

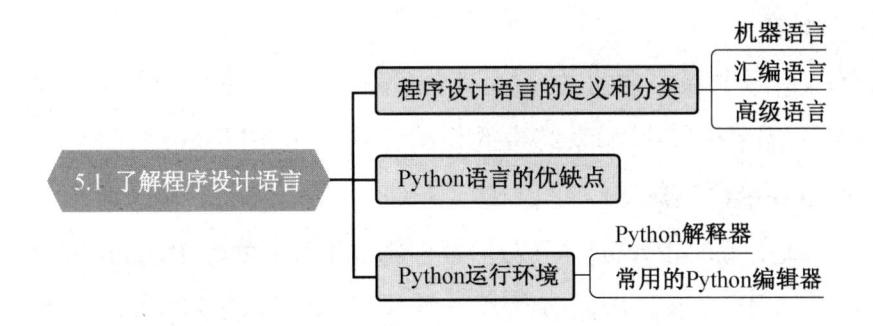

```
                         ┌── 程序设计语言的定义和分类 ──┬── 机器语言
                         │                              ├── 汇编语言
                         │                              └── 高级语言
5.1 了解程序设计语言 ────┼── Python语言的优缺点
                         │
                         └── Python运行环境 ──┬── Python解释器
                                              └── 常用的Python编辑器
```

【知识要点】

一、程序设计语言的定义和分类

1. 程序设计语言的定义

程序设计语言是用于书写计算机程序的语言。

2. 程序设计语言的分类

程序设计语言包括机器语言、汇编语言及高级语言。

（1）机器语言。机器语言是一种用二进制数"0"和"1"表示的、能被计算机直接识别和执行的语言，它是一种低级语言。

（2）汇编语言。汇编语言是一种用助记符表示的面向机器的程序设计语言，不能被计算机直接识别和执行，必须由汇编程序翻译成目标程序才能运行。汇编语言是面向机器的语言，也属于低级语言。

（3）高级语言。高级语言是一种接近自然语言的计算机程序设计语言，用高级语言编写的程序称为"源程序"，计算机不能直接识别和执行，必须把源程序翻译成机器指令才能执行，通常有编译和解释两种方式。编译是将整个源程序编译成目标程序，然后通过连接程序将目标程序连接成可执行程序，如 Visual Basic、C/C++等。解释是将源程序逐句翻译，翻译一句执行一句，边翻译边执行，不产生目标程序，如 Java、Python 等。

二、Python 语言的优缺点

Python 语言的优点有语法简洁、免费、简单易学、开源、可移植、扩展性良好、类库丰富、通用灵活、模式多样、良好的中文支持等；Python 语言的缺点有执行效率不高、新旧版本不兼容等。

三、Python 运行环境

1. Python 解释器

Python 解释器是一个跨平台的 Python 集成开发和学习环境，它支持 Windows、macOS 和 UNIX 操作系统，且在这些操作系统中的使用方式基本相同。

2. 常用的 Python 编辑器

PyCharm 是一款主流的 Python 集成开发环境，常用于编辑 Python 项目，它具有非常齐备的功能，如调试、语法高亮、Project 管理、智能提示、版本控制等，使用 PyCharm 可以实现程序编写、运行、测试的一体化。

【基础练习】

1. 程序设计语言的发展经历了三个阶段，分别是（　　）。
   A．汇编语言，低级语言，高级语言
   B．机器语言，汇编语言，高级语言
   C．低级语言，Basic 语言，Python 语言
   D．低级语言，高级语言，汇编语言

2. 结构化程序设计主要强调的是（　　）。
   A．程序的规模
   B．程序的易读性
   C．程序的执行效率
   D．程序的可移植性

3. 下列选项中，不属于程序设计语言的是（　　）。
   A．自然语言　　　　　　　　B．机器语言
   C．汇编语言　　　　　　　　D．高级语言

4. 用二进制数"0"和"1"作为指令的语言是（　　）。
   A．高级语言　　　　　　　　B．Basic 语言
   C．机器语言　　　　　　　　D．汇编语言

5. 计算机硬件能直接执行的只有（　　）。
   A．符号语言　　　　　　　　B．机器语言
   C．高级语言　　　　　　　　D．汇编语言

6. 下列选项中，不属于高级程序设计语言的是（　　）。
   A．WinRAR　　　　　　　　B．Python 语言
   C．VB 语言　　　　　　　　D．C/C++语言

7. 只有当程序要执行时，它才会将源程序翻译成机器语言，并且一次只能读取、翻译并执行源程序中的一行语句，此程序称为（   ）。

  A．目标程序   B．编辑程序

  C．解释程序   D．汇编程序

8. 计算机报刊中常出现的"Java"一词是指（   ）。

  A．一种计算机程序设计语言

  B．一种计算机设备

  C．一个计算机厂商云集的地方

  D．一种新的数据库软件

9. 用高级语言编写的程序称为（   ）。

  A．源程序   B．编译程序

  C．可执行程序   D．编辑程序

10. 不需要了解计算机内部构造的语言是（   ）。

  A．机器语言   B．汇编语言

  C．操作系统   D．高级语言

5.2　使用 Python 语言设计简单程序

【学习目标】

- 了解常用的数据类型。
- 了解变量的定义和使用方法。
- 掌握输入、输出语句的使用方法。
- 掌握算术运算符、关系运算符和成员运算符的使用方法。
- 了解分支语句、循环语句的使用方法。
- 了解模块化程序设计的意义。
- 了解调用 math 模块使用数学函数的方法。
- 了解调用 turtle 模块绘制简单图形的方法。
- 了解常用算法的实现：求加、求乘积、求平均、求最大/最小值等。

【思政目标】

- 培养严谨的工作态度，大力弘扬工匠精神。
- 自觉践行社会主义核心价值观。

【知识梳理】

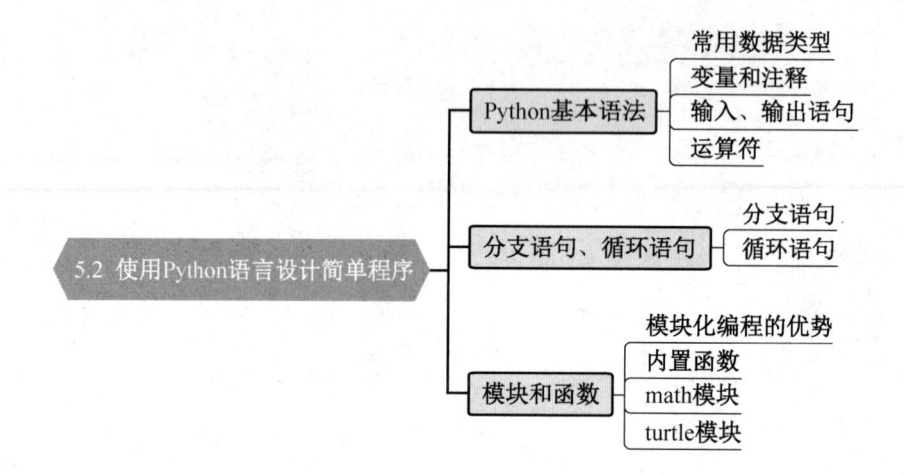

```
                              ┌─ 常用数据类型
                              ├─ 变量和注释
                  ┌─ Python基本语法 ─┤
                  │           ├─ 输入、输出语句
                  │           └─ 运算符
                  │
5.2 使用Python     │                ┌─ 分支语句
语言设计简单程序 ──┼─ 分支语句、循环语句 ─┤
                  │                └─ 循环语句
                  │
                  │           ┌─ 模块化编程的优势
                  │           ├─ 内置函数
                  └─ 模块和函数 ─┤
                              ├─ math模块
                              └─ turtle模块
```

【知识要点】

一、Python 基本语法

1. 常用数据类型

Python 中数据类型包括整型（int）、浮点型（float）、字符串（string）、布尔型（bool）。

（1）整型（int）。

正整数、零和负整数的统称，是不带小数点的数值，如 5，-10，123，0 等。

（2）浮点数（float）。

带小数点的数值，运算结果存在误差，如 1.0，3.14159，-0.33 等。

（3）字符串（string）。

用引号括起来的文本，如'123'，'Python'，'高级语言'等。

（4）布尔型（bool）。

只有两种值，True（真）和 False（假），如 2+3 == 5 为 True，2+3 > 5 为 False。

2. 变量和注释

（1）变量命名规则。

① 由字母、数字、下画线或汉字组成。

② 首字符不能为数字。

③ 区分大小写。

④ 不能使用关键字定义变量名，如 True、False、if、else、for、while、not、and、or、import 等。

（2）注释。

单行注释使用"#"，多行注释使用三个英文半角单引号（'''）或三个双引号（"""）。

3. 输入、输出语句

（1）输入语句 input()。

让用户从键盘上输入字符，如下所示。

```
name = input('请输入姓名：')
```

（2）输出语句 print()。

向屏幕上输出指定的文字，如下所示。

```
print('2 + 3 =', 2 + 3)
```

4. 运算符

（1）算术运算符。

Python 算术运算符及其含义如表 5-2-1 所示。

表 5-2-1　Python 算术运算符及其含义

运算符	含义
+	加法
-	减法
*	乘法
/	除法（带小数）
//	整除（保留整数）
%	求余
**	幂运算

（2）关系运算符。

Python 关系运算符及其含义如表 5-2-2 所示。

表 5-2-2　Python 关系运算符及其含义

运算符	含义
<	小于
<=	小于等于
>	大于
>=	大于等于
==	等于
!=	不等于

（3）逻辑运算符。

Python 逻辑运算符及其含义如表 5-2-3 所示。

表 5-2-3　Python 逻辑运算符及其含义

运算符	含义
not	非，将当前逻辑值取反
and	与，前后表达式逻辑值同时为真时，结果为 True，否则为 False
or	或，前后表达式逻辑值同时为假时，结果为 False，否则为 True

二、分支语句、循环语句

1. 分支语句

If...else...条件判断语句的语法格式如下所示。

```
If 条件:
    语句1          #条件值为真（True）时执行语句1,2……
    语句2
    ……
else:
    语句3          #条件值为假（False）时执行语句3,4……
    语句4
    ……
```

2. 循环语句

（1）for 循环语句。

```
for 循环变量 in 序列:
    循环体
```

依次将序列的值赋给循环变量并执行循环体，直到序列的元素被取完，结束循环。序列可以是列表、元组或 range() 函数。

（2）while 循环语句。

```
while 条件:
    循环体
```

条件为真（True）时执行循环体的语句。

三、模块和函数

1. 模块化编程的优势

（1）将任务分解成多个模块，每个模块实现一个功能，这样便于团队协同开发。

（2）实现代码复用，提高编程效率。

（3）增强程序的可维护性。

2. 内置函数

Python 内置函数及其作用如表 5-2-4 所示。

表 5-2-4 Python 内置函数及其作用

函数名	作用
abs()	求绝对值
round(x,y)	将 x 四舍五入，保留 y 位小数
sum()	求和
max()	求最大值
min()	求最小值
len()	求字符串或列表的长度

3. math 模块

在程序的首行使用 import 导入 math 模块，语句格式为 import math 或 from math import*。常用 math 模块函数及其作用如表 5-2-5 所示。

表 5-2-5 常用 math 模块函数及其作用

函数名	作用
sqrt()	求平方根
pi	圆周率 π（3.1415926……）
sin()	求正弦值
cos()	求余弦值

4. turtle 模块

在程序的首行使用 import 导入 turtle 模块，语句格式为 import turtle。

（1）画布。

设置画布的大小和初始位置语句为 turtle.screensize(width,height,color)，如 turtle.screensize(500,600,blue)。

（2）画笔。

画笔的属性有宽度、颜色、移动速度等，画笔的运动状态有抬起、放下、向前、向后、左转、右转等。常用的画笔设置命令及其说明如表 5-2-6 所示。

表 5-2-6 常用的画笔设置命令及其说明

画笔命令	说明
turtle.pensize()	设置画笔的粗细
turtle.pencolor()	设置画笔颜色，如"red""green"
turtle.speed()	设置画笔移动速度，取值范围为[1,10]的整数
turtle.penup()	抬起画笔，只移动位置不绘制图形
turtle.pendown()	放下画笔，画笔移动时绘制图形
turtle.goto(x,y)	将画笔移动到坐标为（x，y）的位置
turtle.left(d)	画笔左转 d°

续表

画笔命令	说明
turtle.right(d)	画笔右转 $d°$
turtle.circle(r)	画半径为 r 的圆

【基础练习】

一、选择题

1. 下列选项中，属于合法的 Python 变量名的是（　　）。

   A．False　　　　　　　　　B．88xysp

   C．xysp@88　　　　　　　　D．xysp_88

2. 下列选项中，不是 Python 语言基本数据类型的是（　　）。

   A．string　　　　　　　　　B．int

   C．float　　　　　　　　　　D．Char

3. 已知 a=3，b=5，下列表达式的值是 True 的是（　　）。

   A．b<=a　　　　　　　　　B．b!=a

   C．a==b　　　　　　　　　D．a>b

4. 在 Python 中，赋值语句"b+=a"等价于（　　）。

   A．a+=b　　　　　　　　　B．b+a=a

   C．b=b+a　　　　　　　　　D．b==a

5. 在 Python 中，输出结果为"hello world"的语句是（　　）。

   A．printf("hello world")　　B．output("hello world")

   C．write("hello world")　　　D．print("hello world")

6. 在 Python 中，求 a 除以 b 的余数，正确的表达式是（　　）。

   A．a%b　　　　　　　　　　B．a//b

   C．a**b　　　　　　　　　　D．a/b

7. 表达式 1≤x≤5 用 Python 语句可表示为（　　）。

   A．x≥1 and x≤5　　　　　　B．x≥1 or x≤5

   C．x>=1 and x<=5　　　　　D．x>=1 or x<=5

8. 表示 10 以内偶数的列表是（　　）。

   A．range(10)　　　　　　　　B．range(1,10)

   C．range(10,2)　　　　　　　D．range(2,10,2)

9. 函数 sum([1,2,3,4])的值是（　　）。
   A. 4　　　　　　　　　　　B. 1
   C. 10　　　　　　　　　　 D. 5

10. 下列数值中，比二进制数 1111 大的是（　　）。
   A. 十进制数 10　　　　　　B. 十六进制数 E
   C. 二进制数 1110　　　　　D. 十六进制数 10

二、填空题

1. 以下为"输入不为零的整数 *x*、*y*，计算并输出 s=*x*/2*y* 的值"的代码。请在横线处写上正确的代码，将程序补充完整。

```
x=int(input("请输入x的值:"))
y=int(input("请输入y的值:"))
s=_____        # 第一空
_____("计算结果为",s)
```

2. 以下为"将 *a* 和 *b* 的值对调，如从键盘中输入 *a* 的值为 5，*b* 的值为 6 则输出 6　5"的代码。请在横线处写上正确的代码，将程序补充完整。

```
a=int(input("a="))
b=int(input("b="))
temp=a
a=b
_____
print(a,b)
```

3. 以下为"从键盘上输入一个三位的自然数，计算并输出其百位、十位和个位上的数字的积"的代码。请在横线处写上正确的代码，将程序补充完整。

```
x=_____(input("请输入一个三位自然数："))
a=x//100                  # 求百位上的数字
b=x//10%10                # 求十位上的数字
c=_____                # 求个位上的数字
cj=a*b*c
print("百位、十位和个位上数字的积是：",cj)
```

4. 以下为"将 *a* 和 *b* 两个变量的值交换"的代码。请在横线处写上正确的代码，将程序补充完整。

```
a=12
b=20
print("交换前：",a,b)
```

```
        a,b=_____
        print("交换后：",a,b)
```

5. 以下为"求 1*(1/2)*(1/3)*(1/4)*(1/5)的值，并输出结果"的代码。请在横线处写上正确的代码，将程序补充完整。

```
s=1
for i in range(2,_____):
    s=s*_____
print("1*(1/2)*(1/3)*(1/4)*(1/5)的值:",s)
```

6. 以下为"随机生成 10 个整数存放列表 a 中，输出列表 a 中的最大值"的代码。请在横线处写上正确的代码，将程序补充完整。

```
import random
a=[]
for i in range(10):
    a.append(random.randint(0,99))
print("产生10个0到99的随机整数数列为：",a)
max=a[0]
for i in range(1,10):
    if      >max:
        max=_____
print("数列中的最大值为：",_____)
```

7. 以下为"输出斐波那契数列前 15 项。所谓斐波那契数列指的是第一个和第二个数为 1，从第三个数开始，后一个数是前两个数之和，如 1，1，2，3，5，……"的代码。请在横线处写上正确的代码，将程序补充完整。

```
c=_____
c.append(1)
c.append(1)
for i in range(2,15):
    c.append(c[_____]+c[i-2])
print(c)
```

8. 以下为"将列表 a 中的第 2 个位置的值"160"删除，并输出列表"的代码。请在横线处写上正确的代码，将程序补充完整。

```
a=[60,160,260,46,56,66]
print("删除前：",a)
a.remove(_____)
print("删除后：",a)
```

9. 以下为"从键盘上输入一个圆的半径 r（实数），计算该圆的面积，并输出结果"的代码。请在横线处写上正确的代码，将程序补充完整。

```
r=_____(input("r="))
_____=3.14*r**2
print("圆的面积为：",s)
```

10. 以下为"输入直角三角的底 *a* 和高 *h* 的值，计算并输出斜边的长"的代码。请在横线处写上正确的代码，将程序补充完整。

```
import math
a=float(input("a="))
h=float(input("h="))
c=math._____(a*a+h*h)
print("斜边的长是：",_____)
```

11. 以下为"从键盘上输入年龄16，则输出"猜对了！"，否则输出"猜错了！"的代码。请在横线处写上正确的代码，将程序补充完整。

```
a=int(_____("请输入年龄："))
if _____:
    print("猜对了！")
else:
    print("猜错了！")
```

12. 以下为"从键盘上输入一个非零的数，判断其是正数还是负数，并输出结果"的代码。请在横线处写上正确的代码，将程序补充完整。

```
x=float(input("从键盘输入一个非零的数："))
if _____:
    print("输入的非零数为：正数")
_____:
    print("输入的非零数为：负数")
```

13. 以下为"从键盘上输入一个整数，判断其是否为 3 的倍数，并输出结果"的代码。请在横线处写上正确的代码，将程序补充完整。

```
x=_____(input("从键盘输入一个非零的数："))
if _____:
    print("输入的数是3的倍数")
else:
    print("输入的数不是3的倍数")
```

14. 以下为"求 1+2+3+4+…+100 的值，并输出结果"的代码。请在横线处写上正确的代码，将程序补充完整。

```
s=0
```

```
for i in range(1,101):
    s=s+_____
print("1+2+3+4+…+100的值:",_____)
```

15. 以下为"求 5+10+15+…+100 的值,并输出结果"的代码。请在横线处写上正确的代码,将程序补充完整。

```
s=_____
for i in _____(5,101,5):
    s=s+i
print("5+10+15+…+100的值:",s)
```

16. 以下为"统计并输出 100 以内的自然数中能被 2 或 3 整除的数的个数"的代码。请在横线处写上正确的代码,将程序补充完整。

```
n=0
for i _____ range(1,101):
    if i%2==0 _____ i%3==0:
        n=n+1
print("100以内的自然数中能被2或3整除的数的个数是:",n)
```

17. 以下为"从键盘上输入 5 个数(0,100),统计并输出最大的一个数和最小的一个数"的代码。请在横线处写上正确的代码,将程序补充完整。

```
max=0;min=100
for i in range(5):
    a=int(input("请输入一个数:"))
    if _____:
        max=a
    if a<min:
        _____=a
print("最大值是:",max,"最小值是:",min)
```

18. 以下为"绘制一个边长为 150 像素的绿色正方形"的代码。请在横线处写上正确的代码,将程序补充完整。

```
_____ turtle
turtle.width(4)
turtle.speed(5)
turtle.pencolor("green")
for i in range(4):
    turtle.fd(_____)
    turtle.lt(90)
turtle.done()
```

19. 以下为"绘制半径为 100 像素的圆"的代码。请在横线处写上正确的代码,将程序补充完整。

```
import turtle
turtle.circle(_____)
turtle.done()
```

20. 以下为"绘制一个边长为 200 像素的红色五角星"的代码。请在横线处写上正确的代码,将程序补充完整。

```
import turtle
_____.color("red")
turtle.begin_fill()
for i in range(5):
    turtle.fd(200)
    turtle._____(144)
turtle.end_fill()
turtle.done()
```

第 6 章　数字媒体技术应用

6.1　获取加工数字媒体素材

【学习目标】

- 了解数字媒体技术及应用。
- 了解数字媒体文件的类型、格式及特点。
- 掌握获取常见数字媒体素材的方法。
- 了解如何加工数字媒体。

【思政目标】

- 遵纪守法、诚实守信。
- 自觉践行社会主义核心价值观。

【知识梳理】

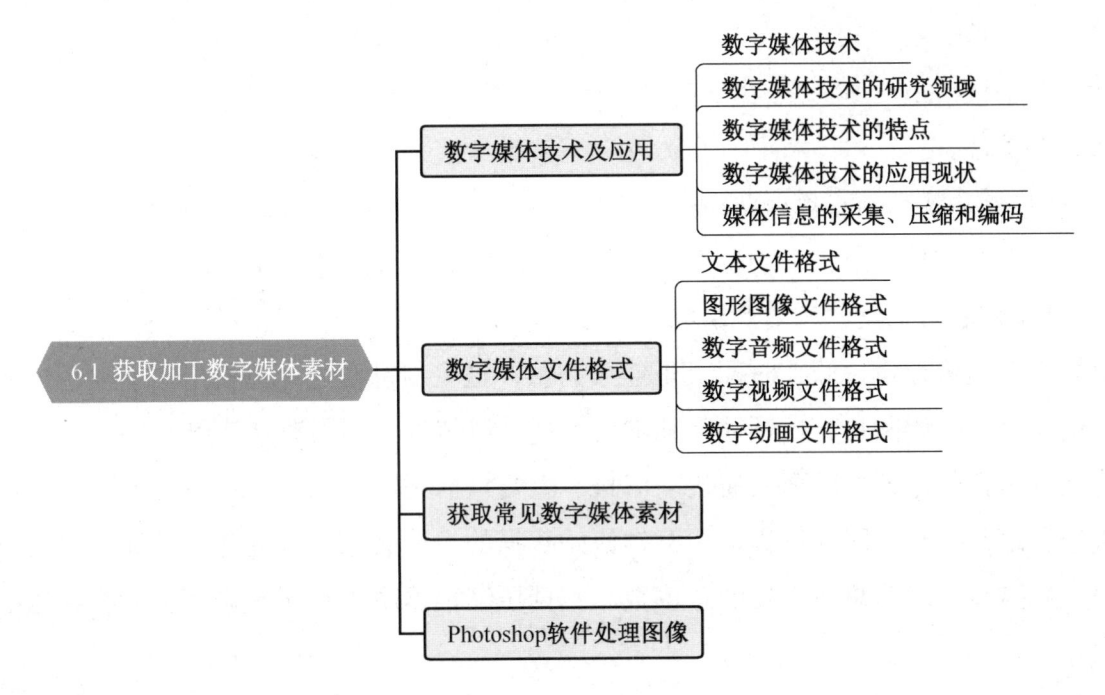

```
                                    ┌── 数字媒体技术
                                    ├── 数字媒体技术的研究领域
                       ┌─ 数字媒体技术及应用 ─┼── 数字媒体技术的特点
                       │                    ├── 数字媒体技术的应用现状
                       │                    └── 媒体信息的采集、压缩和编码
                       │                    ┌── 文本文件格式
                       │                    ├── 图形图像文件格式
6.1 获取加工数字媒体素材 ─┼─ 数字媒体文件格式 ─┼── 数字音频文件格式
                       │                    ├── 数字视频文件格式
                       │                    └── 数字动画文件格式
                       ├── 获取常见数字媒体素材
                       └── Photoshop软件处理图像
```

【知识要点】

一、数字媒体技术及应用

1. 数字媒体技术

（1）媒体：也被称为媒介或媒质。

（2）数字媒体：以二进制数的形式记录、处理、传播、获取的信息媒体。

（3）数字媒体技术：是一项应用广泛的综合技术，它是将多媒体信息通过计算机数字化采集、编码、存储、传输、处理和再现，使数字化信息建立逻辑连接，并集成为具有交互性的系统。

2. 数字媒体技术的研究领域

（1）核心关键技术。

（2）关联支持技术。

（3）扩展应用技术。

3. 数字媒体技术的特点

（1）数字化。

（2）多样性。

（3）集成性。

（4）交互性。

（5）实时性。

（6）趣味性。

（7）艺术性。

（8）主动性。

（9）交叉性。

4. 数字媒体技术的应用现状

基于数字媒体技术所具有的特点，使其在许多领域得到广泛应用。

5. 媒体信息的采集、压缩和编码

信息大多是模拟量，即在时间上是连续的量，这些信息要为计算机所用需要经过专用设备进行信息采集，如图片、视频等，其本质是把模拟信号转换为数字信号。

连续的模拟信号转换成离散的数字信号，主要包括采样、量化和编码三个过程。

数据压缩是一种编码的过程，即根据原始数据的内在联系将数据从一种编码映射为另一种编码，以减少表示信息所需要的总位数。数据压缩根据质量有无损失可分为有损压缩和无损压缩。

二、数字媒体文件格式

1. 文本文件格式

常见的文本文件格式有 txt 格式、rtf 格式、doc 和 docx 格式、wps 格式、odf 格式、pdf 格式等。

2. 图形图像文件格式

图形图像文件的文件格式较多、差别较大，应根据需要进行选择，常见的文件格式有 bmp 格式、jpeg 格式、tiff 格式、png 格式、gif 格式、psd 格式等。

3. 数字音频文件格式

常见的数字音频文件格式有 wav 格式、mp3 格式、midi 格式、wma 格式、cd 格式、au 格式、aiff 格式等。

4. 数字视频文件格式

常见的数字视频文件格式有 avi 格式、wmv 格式、mpeg 格式、3gp 格式、mov 格式、rmvb 格式等。

5. 数字动画文件格式

常见的数字动画文件格式有 swf 格式、flv 格式、flic 格式、max 格式等。

三、获取常见数字媒体素材

数字媒体素材获取的方法与途径很多，可以从网络下载，视频截取，从资源光盘中获取，还可以自行原创。

四、Photoshop 软件处理图像

Photoshop 的功能包括图像编辑、图像合成、校色调色及功能色效制作等。

【基础练习】

1. 数字媒体技术包括（　　）。
   A．计算机技术　　　　　　B．数字信息处理技术
   C．数字通信和网络技术　　D．以上均是

2. 数字媒体的载体不包括（　　）。
   A．电话机　　　　　　　　B．广播
   C．视频　　　　　　　　　D．图像

3. 下列选项中，属于数字媒体技术应用的是（　　）。
   ① 淘宝美工　② 游戏开发　③ 手工绘画　④ 动漫制作　⑤ 影视广告
   A．①②③④　　　　　　　B．②③④⑤
   C．①③④⑤　　　　　　　D．①②④⑤

4. 数字媒体是指以（　　）的形式记录、处理、传播、获取信息的载体。
   A．二进制数　　　　　　　B．实体媒体
   C．文件　　　　　　　　　D．八进制数

5. 媒体可分为感觉媒体、表示媒体和存储媒体等，二维码属于（　　）。
   A．感觉媒体　　　　　　　B．表示媒体
   C．存储媒体　　　　　　　D．表现媒体

6. 视频属于（　　）。
   A．感觉媒体　　　　　　　B．表示媒体
   C．存储媒体　　　　　　　D．表现媒体

7. 下列选项中，不属于数字媒体技术应用的是（　　）。
   A．场景设计　　　　　　　B．平面设计
   C．人机交互技术　　　　　D．手工剪纸

8. 下列选项中，不属于多媒体的媒体类型的是（　　）。
   A．图像　　　　　　　　　B．程序
   C．音频　　　　　　　　　D．视频

9. 下列选项中，不属于图像文件格式的是（　　）。

　　A．bmp　　　　　　　　B．jepg

　　C．rar　　　　　　　　D．png

10. 下列选项中，不属于音频文件格式的是（　　）。

　　A．wma　　　　　　　　B．mp3

　　C．rmvb　　　　　　　D．midi

11. 下列选项中，属于视频文件格式的是（　　）。

　　A．wav　　　　　　　　B．midi

　　C．mp3　　　　　　　　D．mov

12. 下列选项中，不属于视频采集方式的是（　　）。

　　A．从网盘上下载视频

　　B．使用录音机录制

　　C．录制电视里播放的节目

　　D．利用数码摄像机现场拍摄

13. （　　）是数字图像的输入设备。

　　A．数码相机　　　　　　B．光笔

　　C．CCD　　　　　　　　D．绘图仪

14. 显示分辨率越高，数量图形的外观效果就会越（　　）。

　　A．清晰　　　　　　　　B．锐化

　　C．光滑　　　　　　　　D．模糊

15. 与图像容量大小密切相关的因素有（　　）。

① 图像尺寸　② 分辨率　③ 图像制作软件　④ 颜色位数

　　A．①②③　　　　　　　B．①②④

　　C．①③④　　　　　　　D．②③④

16. 图像分辨率是指（　　）。

　　A．图像的像素密度　　　B．图像的颜色数

　　C．图像的扫描精度　　　D．像素的颜色深度

17. Photoshop 是一款（　　）。

　　A．看图软件　　　　　　B．网页制作软件

　　C．文字处理软件　　　　D．专业的图形图像处理软件

18．Photoshop 不具备的功能是（   ）。

　　A．去除红眼　　　　　　　　B．去除皮肤细纹

　　C．制作 3D 动画　　　　　　 D．抠图

19．利用 Photoshop 选择图像的一部分，不能使用的工具是（   ）。

　　A．选框工具　　　　　　　　B．套索工具

　　C．魔棒工具　　　　　　　　D．画笔工具

20．Photoshop 中滤镜的主要作用是（   ）。

　　A．特效处理　　　　　　　　B．消除锯齿

　　C．去除杂色　　　　　　　　D．色彩平衡

6.2　演示文稿的制作

【学习目标】

- 熟练掌握幻灯片的添加、复制、移动和删除操作。
- 熟练掌握幻灯片版式的更换。
- 掌握幻灯片母版的应用和幻灯片背景的设置。
- 熟练掌握在幻灯片中插入艺术字、形状等内置对象。
- 掌握在幻灯片中插入图片、音频、视频等外部对象。
- 掌握在幻灯片中建立表格和图表。
- 掌握在幻灯片中创建动作按钮，建立幻灯片之间的超链接。
- 熟练掌握幻灯片之间切换方式的设置和幻灯片对象动画方案的设置。

【思政目标】

- 树立爱岗、敬业、专注、创新的职业精神。
- 自觉践行社会主义核心价值观。

【知识梳理】

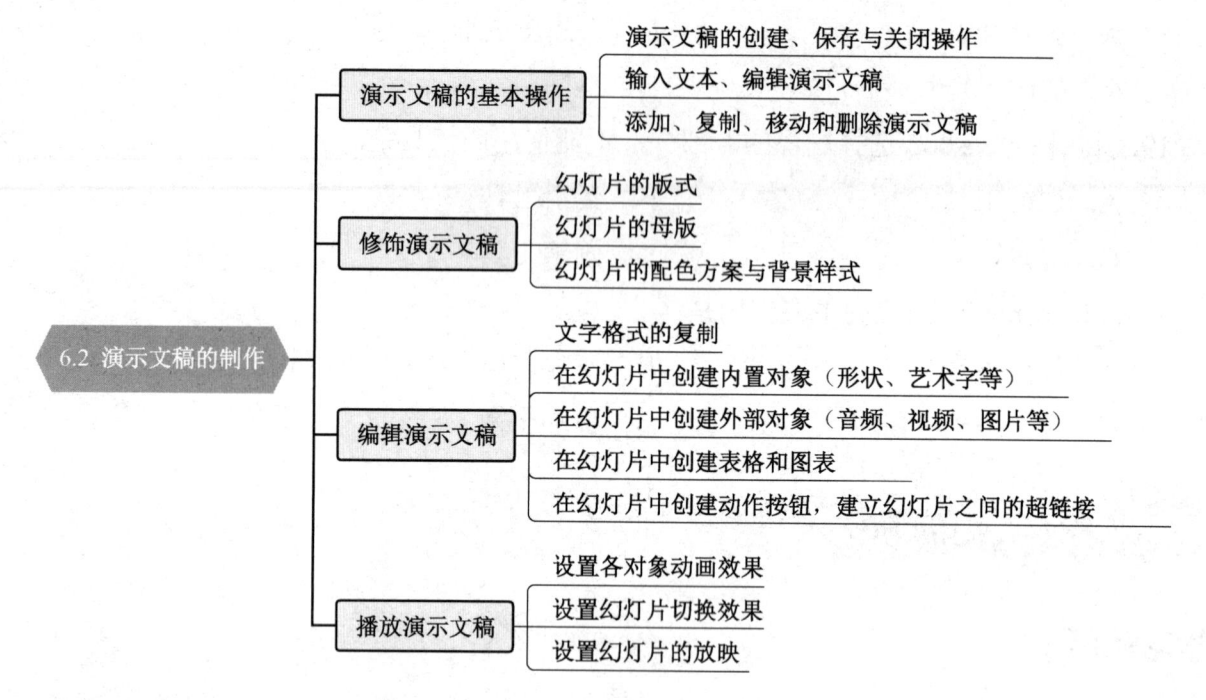

```
                              ┌─ 演示文稿的基本操作 ─┬─ 演示文稿的创建、保存与关闭操作
                              │                    ├─ 输入文本、编辑演示文稿
                              │                    └─ 添加、复制、移动和删除演示文稿
                              │
                              ├─ 修饰演示文稿 ─────┬─ 幻灯片的版式
                              │                    ├─ 幻灯片的母版
6.2 演示文稿的制作 ───────────┤                    └─ 幻灯片的配色方案与背景样式
                              │
                              │                    ┌─ 文字格式的复制
                              │                    ├─ 在幻灯片中创建内置对象（形状、艺术字等）
                              ├─ 编辑演示文稿 ─────┼─ 在幻灯片中创建外部对象（音频、视频、图片等）
                              │                    ├─ 在幻灯片中创建表格和图表
                              │                    └─ 在幻灯片中创建动作按钮，建立幻灯片之间的超链接
                              │
                              └─ 播放演示文稿 ─────┬─ 设置各对象动画效果
                                                   ├─ 设置幻灯片切换效果
                                                   └─ 设置幻灯片的放映
```

【知识要点】

一、演示文稿的基本操作

1. 演示文稿的创建、保存与关闭操作

（1）创建演示文稿。

① 单击"开始"菜单中的 WPS Office 软件，在打开的窗口中单击"新建"选项卡标签，然后在打开的界面中单击"新建演示"按钮，选择要创建的空白演示文稿。

② 双击桌面上的 WPS Office 快捷图标，在打开的窗口中单击"新建"选项卡标签，然后在打开的界面中单击"新建演示"按钮，选择要创建的空白演示文稿。

（2）保存演示文稿。

单击"文件"菜单，在打开的下拉菜单中选择"保存"选项保存演示文稿，演示文稿的名称不可更改；单击"文件"菜单，在打开的下拉菜单中选择"另存为"选项可以将演示文稿更改名称后保存。

（3）关闭演示文稿。

① 单击 WPS Office 窗口右上角的"关闭"按钮。

② 单击演示文稿标签页的"关闭"按钮。

2. 输入文本、编辑演示文稿

在 WPS 演示文稿中，用户可以使用占位符或文本框在幻灯片中输入文本。选中文本，单击"开始"选项卡下"字体"功能组中相应的工具按钮或打开"字体"对话框，可以对文本的字体、字形、字号和字体颜色等属性进行设置，这与 WPS 文字中的操作相似。

3．添加、复制、移动和删除演示文稿

（1）添加幻灯片。

在 WPS 演示文稿中，单击"开始"选项卡下的"新建幻灯片"按钮，即可添加一张默认版式的幻灯片。当需要应用其他版式时，单击"新建幻灯片"右下方的下拉按钮，在打开的下拉菜单中选择需要的版式即可。

（2）复制幻灯片。

在普通视图中先选中需要复制的幻灯片，单击"开始"选项卡下的"复制"按钮，然后选中目标位置前面的那张幻灯片，单击"开始"选项卡下的"粘贴"按钮。

（3）移动幻灯片。

在普通视图中，可以首先选中需要移动的幻灯片，然后按住鼠标左键拖曳选中的幻灯片，当目标位置出现一条横线时，释放鼠标，完成幻灯片位置的移动。

（4）删除幻灯片。

在幻灯片预览窗格中，选中需要删除的幻灯片，按"Delete"键即可删除幻灯片。

二、修饰演示文稿

1．幻灯片的版式

幻灯片版式的设置可以快速实现对文字、图片等对象的布局。单击"开始"选项卡下的"版式"按钮可以选择幻灯片的版式。

2．幻灯片的母版

幻灯片母版存储了幻灯片字形、占位符大小或位置、背景和配色方案等幻灯片的设置信息。单击"视图"选项卡中的"幻灯片母版"按钮，可对幻灯片母版进行设计。

3．幻灯片的配色方案与背景样式

单击"设计"选项卡下的"配色方案"按钮，可设置幻灯片配色方案，单击"设计"选项卡下的"背景"按钮，可设置幻灯片的背景样式。

三、编辑演示文稿

1．文字格式的复制

将指定文本的格式用到其他文本上，可以使用格式刷快速地实现文字格式的复制。除格式刷外，还可以使用"Ctrl+Shift+C"组合键进行格式的复制，"Ctrl+Shift+V"组合键实现格式的粘贴。

2. 在幻灯片中创建、编辑内置对象（形状、艺术字等）

（1）创建、编辑形状对象。

单击"插入"选项卡下的"形状"按钮，可以创建形状对象，选中形状，在"绘图工具"选项卡下可以编辑形状对象。

（2）创建、编辑艺术字对象。

单击"插入"选项卡下的"艺术字"按钮可以创建艺术字对象，选中艺术字，在"绘图工具"和"文本工具"选项卡下可以编辑艺术字对象。

3. 在幻灯片中创建、编辑外部对象（音频、视频、图片等）

（1）创建图片。

单击"插入"选项卡下的"图片"按钮，在弹出的"图片"对话框中选择本地图片文件，可以在幻灯片中插入图片。选中图片，在"图片工具"选项卡下可以设置图片格式。

（2）创建音频。

单击"插入"选项卡下的"音频"按钮，在弹出的"音频"对话框中选择嵌入音频、链接到音频、嵌入背景音乐、链接背景音乐，在幻灯片中创建音频对象。

（3）创建视频。

单击"插入"选项卡下的"视频"按钮，在弹出的"视频"对话框中选择嵌入视频、链接到视频，选择视频文件，在幻灯片中创建视频对象。

4. 在幻灯片中创建表格与图表

单击"插入"选项卡下的"表格"按钮，可以在幻灯片上建立表格。

单击"插入"选项卡下的"图表"按钮，可以在幻灯片上建立图表。

5. 在幻灯片中创建动作按钮，建立幻灯片之间的超链接

通过使用"动作"按钮和"超链接"功能，使幻灯片之间可以根据需求进行跳转。单击"插入"选项卡下的"动作"按钮，在弹出的"动作"对话框中设置幻灯片跳转的目标。

四、播放演示文稿

1. 设置各对象动画效果

合适的动画设置可以增强幻灯片的表达能力和对观众的吸引力。在"动画"选项卡下可以为演示文稿中的对象创建"进入"、"强调"、"退出"及"自定义路径"动画，并可以对动画的播放时序、播放效果进行设置。

2. 设置幻灯片切换效果

幻灯片切换是指上一张幻灯片消失，下一张幻灯片出现的方式。"切换"选项卡下提供了幻灯片放映时的各种换片效果。

3. 设置幻灯片的放映

幻灯片的放映，可以在"放映"选项卡下设置。

【基础练习】

1．打开素材"演示文稿\1\神舟十五号.pptx"文件，完成以下操作。

（1）在演示文稿的开始处插入一张新幻灯片，版式为第一种母版版式，标题输入文字"神舟十五号"，设置字符格式为"华文黑体、66、加粗"。

（2）设置第 2 张幻灯片中文本的文字方向为"竖排（从左向右）"。

（3）将所有幻灯片的背景设置为纯色填充中的"矢车菊蓝，着色 1，浅色 40%"。

（4）将第 2 张幻灯片中文本的动画效果设置为"退出-基本型-百叶窗、垂直"，单击时开始播放。

（5）将幻灯片的切换效果设置为"轮辐、4 根"，应用于所有幻灯片。

（6）保存演示文稿。

最终效果如图 6-2-1 所示。

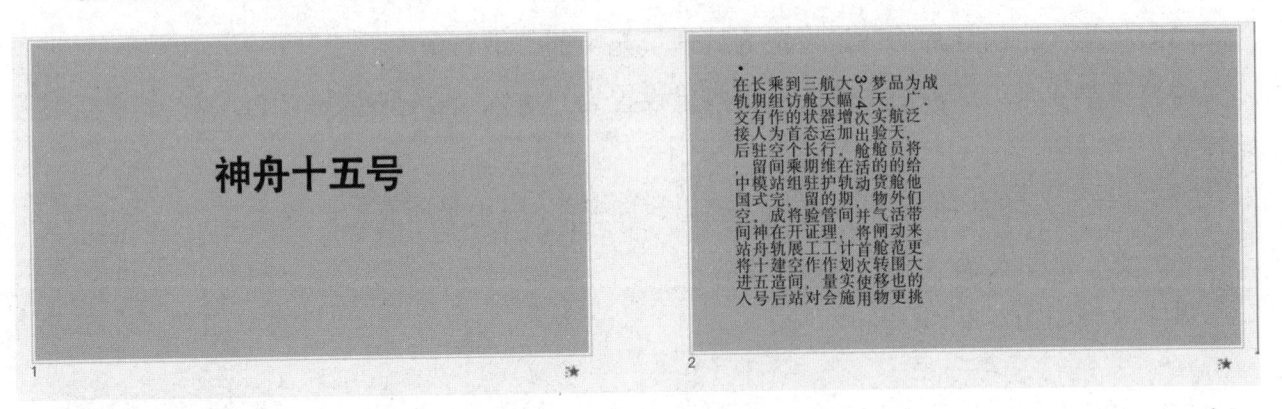

图 6-2-1　最终效果

2．打开素材"演示文稿\2\天宫一号.pptx"文件，完成以下操作。

（1）在演示文稿开始处插入一张新幻灯片作为第 1 张幻灯片，版式为第 6 种母版版式，输入标题文字"天宫一号"，设置字符格式为"仿宋、66、加粗"。

（2）在第 1 张幻灯片中插入素材"演示文稿\2\js.mid"背景音乐，设置为"当前页播放""放映时隐藏"。

（3）在第 2 张幻灯片中插入素材"演示文稿\2\tg.png"图片。

（4）将第 2 张幻灯片中图片的动画效果设置为"进入-基本型-随机线条、垂直"，单击时开始播放。

（5）将所有幻灯片的背景均设置为纹理填充中的"有色纸 1"，透明度为"20%"。

（6）保存演示文稿。

最终效果如图 6-2-2 所示。

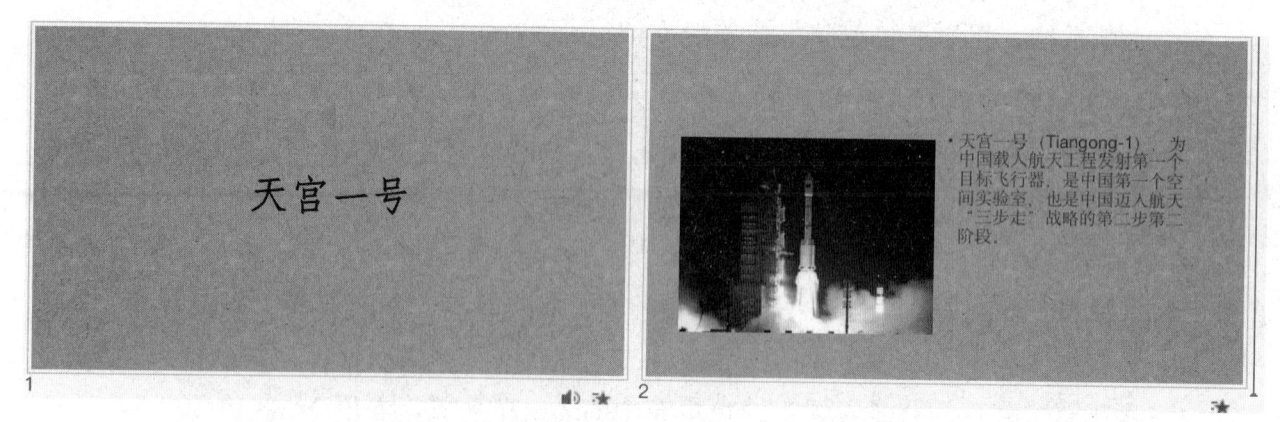

图 6-2-2　最终效果

3．打开素材"演示文稿\3\低碳生活.pptx"文件，完成以下操作。

（1）在第 1 张幻灯片中输入标题文字"低碳生活"，并设置字符格式为"楷体、80"，字体颜色为"绿色"。

（2）将第 2 张幻灯片中的文本框填充为"橙色"。

（3）将第 3 张幻灯片的背景设置为纹理填充中的"绒布条"。

（4）将第 3 张幻灯片中图片的动画效果设置为"进入-基本型-擦除、自左侧"，单击时开始播放。

（5）将幻灯片的切换效果设置为"推出、向左"，应用于所有幻灯片。

（6）保存演示文稿。

最终效果如图 6-2-3 所示。

图 6-2-3　最终效果

4．打开素材"演示文稿\4\冰墩墩.pptx"文件，完成以下操作。

（1）删除第 1 张幻灯片。

（2）将新的第 1 张幻灯片的版式修改为第 1 种母版版式，输入标题文字"冰墩墩"，并设置字符格式为"华文楷体、66、加粗"，字体颜色为"深蓝"。

（3）在第 2 张幻灯片中插入素材"演示文稿\4\bdd.png"图片，并将图片大小修改为"90%"。

（4）将第 2 张幻灯片中图片的动画效果设置为"进入-温和型-翻转式由远及近"，单击时开始播放。

（5）将所有幻灯片的背景均设置为纹理填充中的"金山"。

（6）完成后保存演示文稿。

最终效果如图 6-2-4 所示。

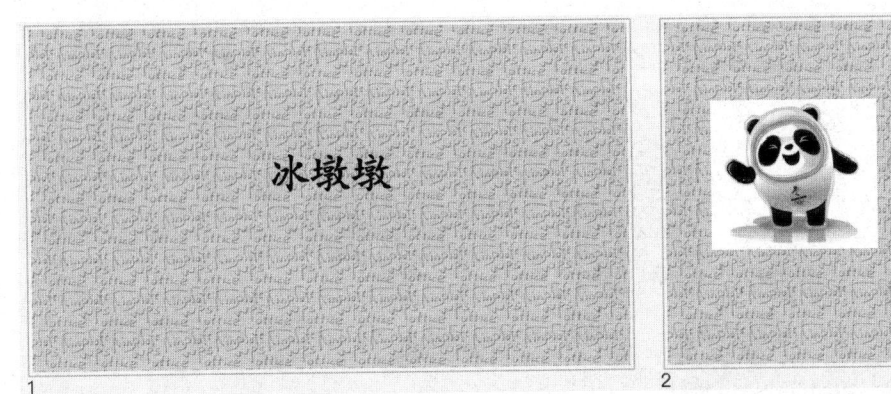

图 6-2-4　最终效果

5．打开素材"演示文稿\5\冰雪运动.pptx"文件，完成以下操作。

（1）在演示文稿的开始处插入一张新幻灯片，版式为第 6 种母版版式，输入标题文字"冰雪运动"，设置字符格式为"华文黑体、66、加粗"，字体颜色为"浅蓝"。

（2）将所有幻灯片的背景设置为纹理填充中的"纸纹 2"。

（3）设置第 2 张幻灯片中文本的文字方向设置为"竖排（从左向右）"。

（4）将第 2 张幻灯片中文本的动画效果设置为"进入-基本型-切入、自右侧"，单击时开始播放。

（5）将幻灯片的切换效果设置为"梳理、垂直"，应用于所有幻灯片。

（6）保存演示文稿。

最终效果如图 6-2-5 所示。

图 6-2-5　最终效果

6.3 虚拟现实与增强现实技术

【学习目标】

- 了解虚拟现实技术。
- 了解增强现实技术。

【思政目标】

- 培养学生成为理想信念坚定、专业素质过硬的人才。
- 树立正确的价值观。

【知识梳理】

```
6.3 虚拟现实与增强现实技术 ── 虚拟现实技术
                          └─ 增强现实技术
```

【知识要点】

一、虚拟现实技术

虚拟现实技术，又称 VR 技术，囊括计算机、电子信息、仿真技术于一体，其基本实现方式是计算机模拟虚拟环境从而给人以环境沉浸感。

虚拟现实有交互性、沉浸性、想象性、多感知性和自主性五大特点。

二、增强现实技术

增强现实技术，又称 AR 技术，是一种将虚拟信息与真实世界巧妙融合的技术。它广泛运用了多媒体、三维建模、实时跟踪及注册、智能交互、传感等，将计算机生成的文字、图像、三维模型、音乐、视频等虚拟信息模拟仿真后，应用到真实世界中，两种信息互为补充，从而实现对真实世界的"增强"。

【基础练习】

1. 虚拟现实技术的简称是（　　）。
   A. VR　　　　　　　　　　　　B. VC
   C. CAT　　　　　　　　　　　 D. AR

第6章 数字媒体技术应用

2. 下列对虚拟现实技术的叙述中，错误的是（　　）。

   A．虚拟现实技术又称灵境技术

   B．虚拟现实创设的是虚拟环境，没有任何现实意义

   C．虚拟现实有交互性、沉浸性、想象性、多感知性和自主性五大特点

   D．它的基本实现方式是计算机模拟虚拟环境从而给人以环境沉浸感

3. 下列选项中，不属于虚拟现实技术应用的是（　　）。

   A．军事模拟作战系统　　　　B．模拟登山系统

   C．飞行员仿真培训系统　　　D．搬运武器的机器人

4. 为了测试攀岩安全绳的安全性，实验人员用计算机模拟攀岩的全过程。该案例使用的主要技术是（　　）。

   A．智能代理技术　　　　　　B．登山技术

   C．多媒体技术　　　　　　　D．虚拟现实技术

5. 虚拟现实技术主要包括数字图像处理技术、计算机仿真技术、传感器技术和（　　）。

   A．多媒体技术　　　　　　　B．文字处理技术

   C．数据库技术　　　　　　　D．通信技术

6. 驾驶训练用的软件，能设置各种地形、环境和状况，这采用的技术是（　　）。

   A．人工智能技术　　　　　　B．虚拟现实技术

   C．图像识别技术　　　　　　D．视频压缩技术

7. 在模拟太空出舱时，可以利用计算机创设出一个高度逼真的太空环境提供给宇航员进行训练，这采用的技术是（　　）。

   A．多媒体技术　　　　　　　B．智能代理技术

   C．虚拟现实技术　　　　　　D．网络技术

8. 下列选项中，属于虚拟现实技术应用的有（　　）。

   ① 三维全景图　② 仿真实验　③ 人体解剖仿真　④ 模拟驾驶

   A．①②③　　B．②③④　　C．①②④　　D．①②③④

9. 医学院的学生利用虚拟病人学习解剖和做手术，这主要体现了虚拟现实技术在（　　）方面的应用。

   A．娱乐业　　B．制造业　　C．远程培训　　D．医学

10. 下列关于增强现实技术的说法中，错误的是（　　）。

    A．它是真实世界和虚拟信息的合成

    B．它包含了多媒体、三维建模、场景融合等多种技术

    C．它能够实现真实环境和虚拟物体在同一空间的叠加

    D．它的最大特点是可以简化个人的学习环境

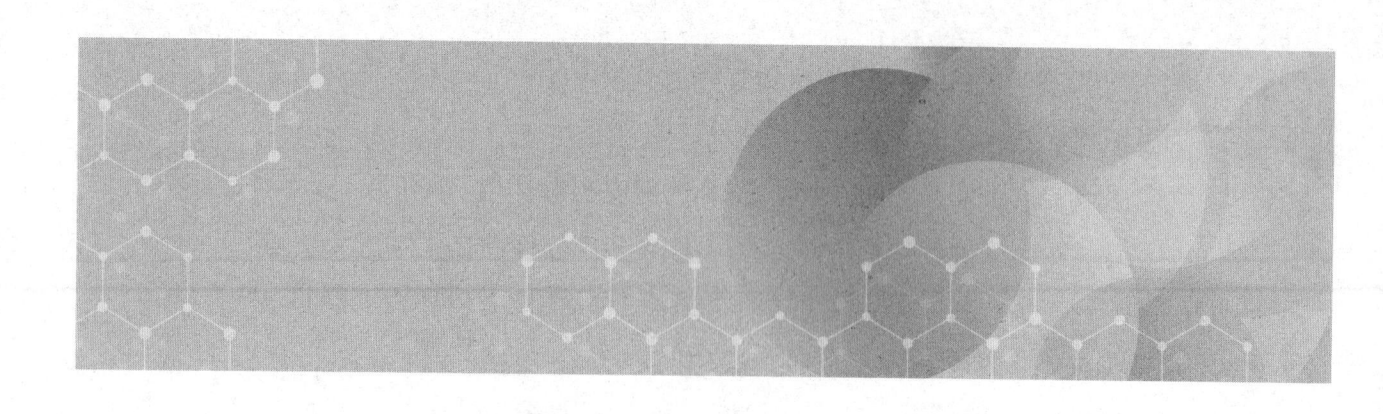

第 7 章　信息安全基础

7.1　信息安全常识

【学习目标】

- 了解信息安全基础知识。
- 了解信息安全面临的威胁。
- 了解信息安全的主要表现形式。
- 了解信息安全相关的法律、政策法规。

【思政目标】

- 遵纪守法、文明守信。
- 自觉践行社会主义核心价值观。

【知识梳理】

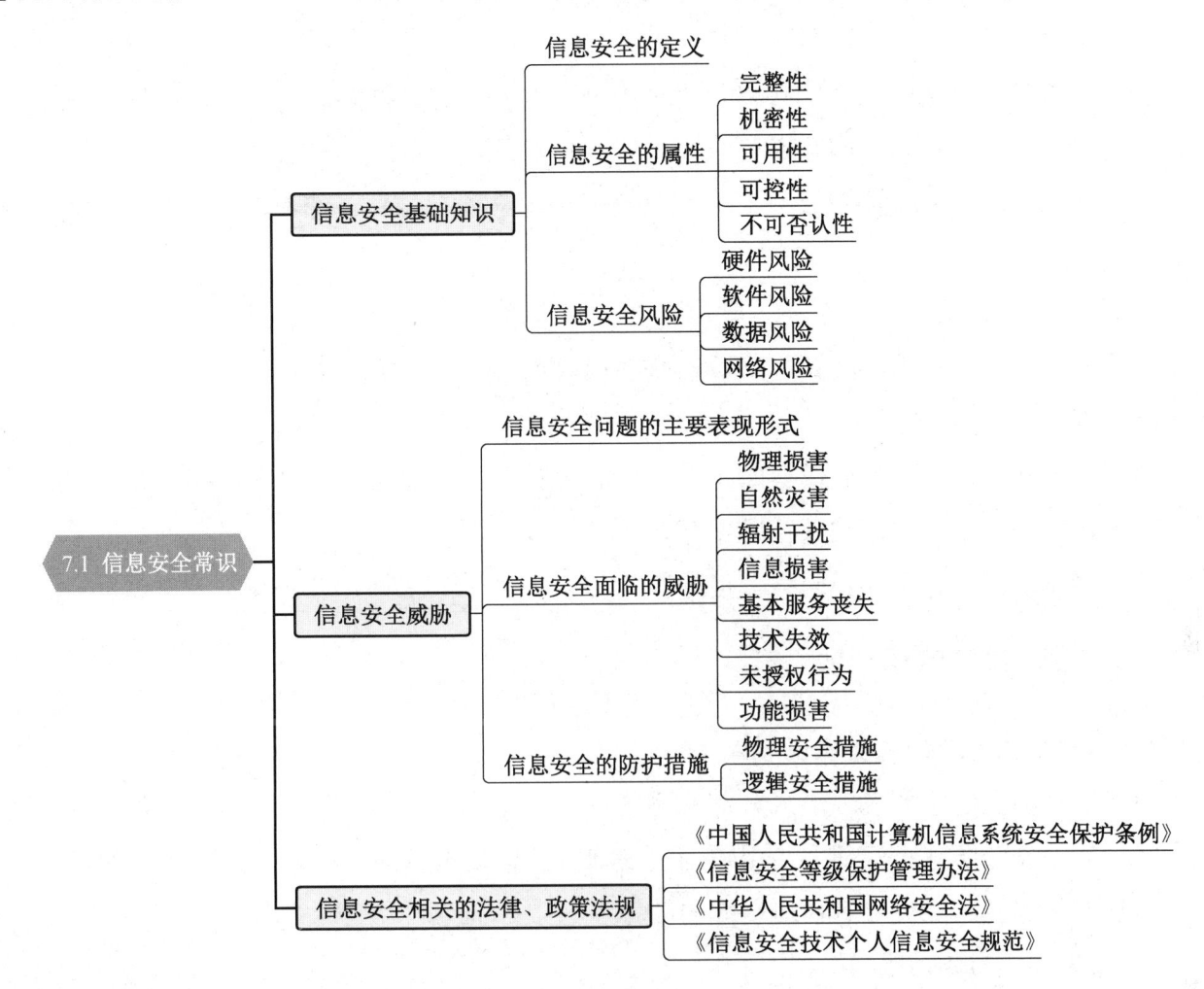

```
7.1 信息安全常识
├── 信息安全基础知识
│   ├── 信息安全的定义
│   ├── 信息安全的属性
│   │   ├── 完整性
│   │   ├── 机密性
│   │   ├── 可用性
│   │   ├── 可控性
│   │   └── 不可否认性
│   └── 信息安全风险
│       ├── 硬件风险
│       ├── 软件风险
│       ├── 数据风险
│       └── 网络风险
├── 信息安全威胁
│   ├── 信息安全问题的主要表现形式
│   ├── 信息安全面临的威胁
│   │   ├── 物理损害
│   │   ├── 自然灾害
│   │   ├── 辐射干扰
│   │   ├── 信息损害
│   │   ├── 基本服务丧失
│   │   ├── 技术失效
│   │   ├── 未授权行为
│   │   └── 功能损害
│   └── 信息安全的防护措施
│       ├── 物理安全措施
│       └── 逻辑安全措施
└── 信息安全相关的法律、政策法规
    ├── 《中国人民共和国计算机信息系统安全保护条例》
    ├── 《信息安全等级保护管理办法》
    ├── 《中华人民共和国网络安全法》
    └── 《信息安全技术个人信息安全规范》
```

【知识要点】

一、信息安全基础知识

1. 信息安全的定义

信息安全是指保护信息系统（包括硬件、软件及相关数据），使之不因偶然或恶意侵犯而遭受破坏、更改和泄露，保证信息系统能够连续、可靠、正常地运行。

信息安全主要包括运行系统安全、系统信息安全和信息内容安全，表现为物理安全、运行安全、数据安全和内容安全。

2. 信息安全的属性

信息安全的基本属性包括完整性、机密性、可用性、可控性、不可否认性（抗抵赖性）。

（1）完整性：是指信息未经授权不能进行改变的特性，是信息安全最基本的特征。

（2）机密性：指信息按给定要求不泄漏给非授权的个人或实体，强调有用信息只能被授权对象使用的特征。

（3）可用性：是指信息可被授权实体正确访问并按需求使用的特性，即当需要时可以存取所需的信息。

（4）可控性：是指对信息的传播及具体内容能够实现有效控制的特性，即网络系统中的任何信息都要在一定传输范围和存放空间内可控。

（5）不可否认性（抗抵赖性）：是指信息交换过程中所有参与者都不可否认曾经完成的操作和承诺。

3. 信息安全风险

信息系统的安全风险包括硬件风险、软件风险、数据风险和网络风险。其中，网络风险主要包括以下两个方面。

（1）未授权访问，包括假冒（如 IP 假冒）、身份攻击、非法用户进入网络系统进行违法操作、合法用户以未授权方式进行操作等形式。

（2）网络攻击，包括僵尸网络、拒绝服务攻击、木马病毒和黑客攻击等。

二、信息安全威胁

1. 信息安全问题的主要表现形式

信息安全问题的主要表现形式有信息系统自身的脆弱性、系统漏洞、黑客频繁侵袭、病毒破坏、用户安全防范意识薄弱、用户信息被泄露、数据被篡改和破坏、垃圾邮件的泛滥、不良信息的传播及自然灾害对物理实体的破坏等。

2. 信息安全面临的威胁

常见的信息安全威胁有自然灾害、硬件故障、软件漏洞、操作失误、病毒入侵、黑客攻击、信息泄露、窃听、网络欺骗、非授权访问、破坏数据完整性、拒绝服务、网络扫描等。信息安全面临的典型威胁实例如表 7-1-1 所示。

表 7-1-1 信息安全面临的典型威胁实例

类型	典型威胁
物理损害	火灾、水灾、地震、雷击、灰尘、腐蚀、冻结、重大事故等造成设备或介质的毁坏
自然灾害	洪水、火山、地震、气候现象
辐射干扰	太阳辐射、热辐射、电磁波
信息损害	窃听、偷窃、泄露、拦截、篡改、远程侦探
基本服务丧失	电信设备故障、电力供应中断
技术失效	硬件故障、软件故障、信息系统饱和、信息系统可维护性破坏
未授权行为	假冒、盗版、伪造、未授权设备使用、数据损坏、数据的非法处理
功能损害	权限滥用、权限伪造、行为否认、使用中的错误、人员可用性破坏

3. 信息安全的防护措施

信息安全主要包括物理安全和逻辑安全，物理安全是指保护硬件实体的安全，逻辑安全是指保护信息和数据的安全。常见的信息安全防护措施如表 7-1-2 所示。

表 7-1-2　常见的信息安全防护措施

物理安全防护措施	防火、防盗、防静电、防雷击、防辐射、防电磁泄漏、环境维护等
逻辑安全防护措施	安装防火墙和杀毒软件
	安装系统漏洞补丁程序
	数据加密和数字签名
	用指纹密码、人脸识别、动态口令等进行身份认证
	入侵检测和网络监控
	加强个人信息和隐私的保护
	不随意更改、删除重要数据
	不使用未经查毒的外来磁盘
	不随意使用公共免费 WiFi 进行购物
	不打开来历不明的网站、不随意下载
	定期进行数据备份
	关闭计算机中没用上的服务和端口

三、信息安全相关的法律、政策法规

1.《中华人民共和国计算机信息系统安全保护条例》

1994 年 2 月 18 日颁布，是我国信息安全方面的第一个规范性文件。

2.《信息安全等级保护管理办法》

2007 年 6 月 22 日开始实施，它将计算机系统安全保护划分为五个级别，一至五级等级逐级增高，分别是用户自主保护级、系统审计保护级、安全标记保护级、结构化保护级和访问验证保护级。

3.《中华人民共和国网络安全法》

2017 年 6 月 1 日开始实施，首次以法律形式明确"网络实名制"。

4.《信息安全技术　个人信息安全规范》

2020 年 3 月 6 日颁布，是为了遏制个人信息非法收集、滥用、泄漏等乱象，最大限度地保障个人的合法权益和社会公共利益，规范个人信息控制者在收集、保存、使用、共享、转让、公开披露等信息处理环节中的相关行为而制定的。

【基础练习】

1. 信息安全是指保护信息系统中的硬件、软件和相关（　　）的安全，使之不因偶然或恶意侵犯而遭受破坏、更改和泄露，保证信息系统能够连续、可靠、正常的运行。

   A．资料　　　　　　　　B．数据
   C．设施　　　　　　　　D．资源

2. 信息安全主要包括运行系统安全、系统信息安全和信息内容安全，表现为物理安全、运行安全、（　　）安全和内容安全。

   A．数据　　　　　　　　B．信息
   C．设施　　　　　　　　D．资源

3. 信息安全最基本的特征是（　　）。

   A．可控性　　　　　　　B．机密性
   C．完整性　　　　　　　D．抗抵赖性

4. 网络环境下拒绝服务、破坏网络和有关系统的正常运行等都属于对（　　）的攻击。

   A．保密性　　　　　　　B．可用性
   C．真实性　　　　　　　D．完整性

5. 信息系统的安全风险包括硬件风险、软件风险、数据风险和（　　）风险。

   A．网络　　　　　　　　B．系统
   C．黑客　　　　　　　　D．病毒

6. 通过 IP 假冒盗取信息的行为对应的信息安全威胁是（　　）。

   A．未授权行为　　　　　B．辐射干扰
   C．技术失效　　　　　　D．基本服务丧失

7. 下列选项中，属于网络攻击的是（　　）。

   ① 恶意软件　② 僵尸网络　③ 拒绝服务攻击　④ 操作失误

   A．①②③　　　　　　　B．①③④
   C．②③④　　　　　　　D．①②③④

8. 下列选项中，不属于信息安全威胁的是（　　）。

   A．自然灾害　　　　　　B．信息泄露
   C．存取控制　　　　　　D．非授权访问

9. 某市因修路挖断光纤，导致网络出现大规模故障，无法正常使用。这属于信息安全威胁中的（　　）。

   A．自然灾害　　　　　　B．辐射干扰
   C．技术失效　　　　　　D．基本服务丧失

10. 下列选项中，不会危害网络安全的是（　　）。
    A．窃听　　　　　　　　　B．更新软件
    C．传播计算机病毒　　　　D．非授权访问

11. 下列选项中，会造成网络安全威胁的是（　　）。
    A．多媒体技术的大量使用
    B．学生的计算机水平大幅提高
    C．计算机病毒、黑客的非法入侵及网络陷阱
    D．上网的人越来越多

12. 下列保护隐私的做法中，合适的是（　　）。
    A．在网上都填写假信息
    B．经常修改重要账号的密码
    C．与世隔绝，不和任何人联系
    D．国家或学校依法收集信息时也不填写个人信息

13. 首次以法律形式明确"网络实名制"的法律是（　　）。
    A．《中华人民共和国电子商务法》
    B．《信息安全等级保护管理办法》
    C．《中华人民共和国网络安全法》
    D．《计算机信息系统安全保护条例》

14. 下列选项中，不属于信息安全法律、法规的是（　　）。
    A．《中华人民共和国网络安全法》
    B．《信息安全等级保护管理办法》
    C．《中华人民共和国著作权法》
    D．《中华人民共和国电子商务法》

15. 下列选项中，不属于信息安全防护措施的是（　　）。
    A．防火、防盗、防雷击、防辐射等
    B．定期进行数据备份
    C．随意更改、删除重要数据
    D．安装防火墙和杀毒软件

7.2 信息安全策略

【学习目标】

- 了解常见信息系统恶意攻击的形式和特点。
- 了解计算机病毒的特点及分类。
- 了解防火墙技术。

【思政目标】

- 遵纪守法,正确认识黑客攻击行为的违法性、危害性。
- 尊重知识产权,具有保护信息安全意识。

【知识梳理】

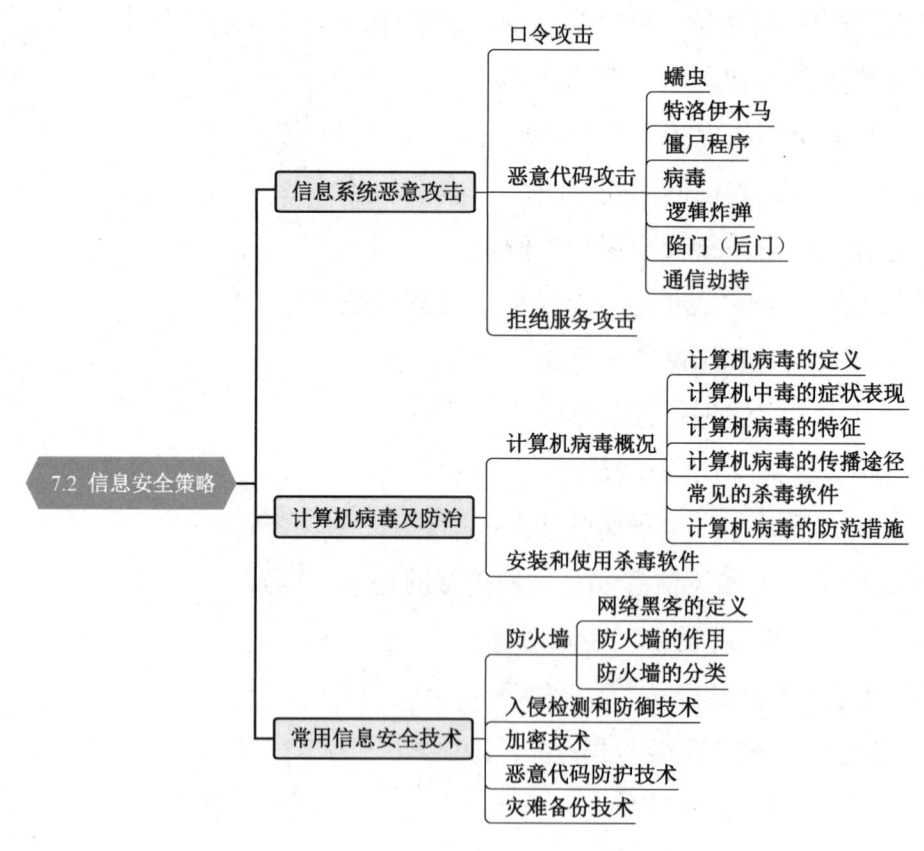

```
                              ┌─ 口令攻击
                              │              ┌─ 蠕虫
                              │              ├─ 特洛伊木马
                              │              ├─ 僵尸程序
              ┌─ 信息系统恶意攻击 ─┼─ 恶意代码攻击 ─┼─ 病毒
              │               │              ├─ 逻辑炸弹
              │               │              ├─ 陷门(后门)
              │               │              └─ 通信劫持
              │               └─ 拒绝服务攻击
              │                                ┌─ 计算机病毒的定义
              │                                ├─ 计算机中毒的症状表现
              │                                ├─ 计算机病毒的特征
7.2 信息安全策略 ─┼─ 计算机病毒及防治 ─┬─ 计算机病毒概况 ─┼─ 计算机病毒的传播途径
              │                   │             ├─ 常见的杀毒软件
              │                   │             └─ 计算机病毒的防范措施
              │                   └─ 安装和使用杀毒软件
              │                               ┌─ 网络黑客的定义
              │                    ┌─ 防火墙 ─┼─ 防火墙的作用
              │                    │         └─ 防火墙的分类
              └─ 常用信息安全技术 ─┼─ 入侵检测和防御技术
                                 ├─ 加密技术
                                 ├─ 恶意代码防护技术
                                 └─ 灾难备份技术
```

【知识要点】

一、信息系统恶意攻击

信息系统的恶意攻击分为主动攻击和被动攻击两种。

主动攻击是具有破坏性的攻击，如篡改、伪造、删除、乱序、冒充等，攻击者故意篡改网络上传送的报文，甚至将伪造的报文传送给接收方；被动攻击是指在不干扰网络信息系统正常的工作的情况下，进行截获、窃听、破译、业务流量分析和电磁泄漏等，主要是收集信息而不是进行访问和破坏，数据的合法用户无法察觉这种行为。

信息系统的恶意攻击包括口令攻击、恶意代码攻击、拒绝服务攻击。

1. 口令攻击

攻击者通过获取系统管理员或其他特殊用户的口令，获得系统的管理权，窃取系统信息、磁盘中的文件，甚至对系统进行破坏。

攻击者通过网络监听来截获用户口令或通过远端系统破解用户口令。攻击方法有很多种，如利用脆弱口令或撞库攻击，利用暴力破解攻击，利用字典攻击，利用木马程序或键盘记录程序攻击等。

2. 恶意代码攻击

恶意代码又称为恶意软件，是指在未经授权的情况下，在信息系统中安装、执行以达到不正当的目的的代码。最常见的恶意代码有蠕虫、特洛伊木马、僵尸程序、病毒、逻辑炸弹、陷门（后门）等。

3. 拒绝服务攻击

拒绝服务攻击指攻击者向互联网上某个服务器不停地发送大量分组或执行特定攻击操作，使该服务器无法提供正常的服务，或者对其他资源的合法访问被无条件拒绝、降低服务质量。拒绝服务攻击会造成计算机系统崩溃、网络带宽耗尽、硬盘被填满等严重后果。

二、计算机病毒及防治

1. 计算机病毒的定义

计算机病毒是一段人为编制的具有破坏性的特殊程序代码或指令。恶性病毒会使软件系统崩溃，硬件损坏，木马类病毒会使计算机用户网上银行等交易账号被盗，造成严重的经济损失。

2. 计算机中毒的症状表现

计算机中毒后一般具有一定的症状表现，如运行迟缓、无法启动、反复重启、宕机、蓝屏、显示异常（雪花、乱码）等。

3. 计算机病毒的特征

（1）破坏性：这是计算机病毒的最主要特征。病毒发作时会占用系统资源、影响正常程序的运行、破坏程序和数据，甚至破坏系统和硬件，造成网络瘫痪等严重后果。

（2）潜伏性：病毒就像定时炸弹一样，平时隐藏得很好，一旦触发条件出现，便立即发作，危害计算机系统。

（3）隐蔽性：采用特殊技术，隐藏起来不容易被发现，列目录中也查不到。

（4）可触发性：即激发性，病毒的发作受一定条件控制，多数以日期或时间为条件，如 CIH 病毒在每年的 4 月 26 日发作。

（5）传染性：即传播性，病毒会不断自我复制，通过各种存储器和网络进行传播。

（6）表现性：计算机中毒后，具有一定的外在症状表现，例如，"熊猫烧香"病毒发作后，计算机的文件图标被换成熊猫图片。

此外，病毒还具有非授权可执行性、寄生性、不可预见性等特征。

4. 计算机病毒的传播途径

计算机病毒的传播途径包括各种存储介质（如硬盘、光盘、U 盘、SD 卡、各种存储卡等）、网络等。当前计算机病毒最广泛的传播途径是互联网。

5. 常见的杀毒软件

常见的杀毒软件有瑞星、江民 KV、金山毒霸、诺顿（Norton）、360 杀毒、卡巴斯基等。杀毒软件经常滞后于新病毒的出现，因此，杀毒软件要定期升级病毒库。

6. 计算机病毒的防范措施

（1）安装杀毒软件并定期升级，开启实时监控功能。

（2）对计算机中重要的数据定期做好备份。

（3）不轻易打开陌生链接、连接陌生 WiFi，以防浏览钓鱼类网站。

（4）使用外来磁盘（U 盘、移动磁盘）前先查杀病毒。

（5）不随意登录不文明、不健康的网站，不浏览不安全的网站。

（6）不轻易下载、安装来历不明的程序，不随意打开陌生电子邮件的附件，或者在打开前先查杀病毒。

（7）禁用浏览器中不必要的加载项。

（8）经常进行操作系统和重要软件的更新，安装安全补丁以修复漏洞。

三、常用信息安全技术

1. 防火墙

防火墙的主要作用有隔离，阻挡黑客攻击，控制网络访问权限，控制进出网络的信息流向和数据包，屏蔽、过滤垃圾信息等。

防火墙分为软件防火墙和硬件防火墙两种。目前比较流行的防火墙软件有金山网镖、瑞星防火墙、360 安全卫士、天网防火墙等。

2. 入侵检测和防御技术

入侵检测，顾名思义就是对入侵行为的发觉。入侵检测是防火墙的合理补充，帮助系统对付网络攻击，扩展系统管理员的安全管理能力。

3. 加密技术

加密技术是网络安全的根本技术。将明文变成密文的过程称为加密，反之，将密文还原成明文的过程称为解密。常用的加密技术有对称密钥加密技术和非对称密钥加密技术两种。当前，普遍使用的密钥产品主要有 U 盾、加密狗和密码卡等。

4. 恶意代码防护技术

抵御恶意代码的传播和感染，主要措施是切断传播和感染的途径或破坏它们实施的条件。

5. 灾难备份技术

灾难备份是为了降低灾难发生的概率，以及减小灾难发生时或发生后造成的损失而采取的系统备份措施。一个完整的灾难备份系统主要由数据备份系统、数据处理备份系统、通信网络备份系统和完善的灾难恢复技术组成。

【基础练习】

1. 下列选项中，不属于恶意攻击的是（　　）。
   A．窃听　　　　　　　　B．口令攻击
   C．开启防火墙　　　　　D．拒绝服务

2. 恶意攻击分为（　　）。
   A．主动攻击和被动攻击
   B．黑客攻击和病毒攻击
   C．暴力攻击和病毒攻击
   D．人为攻击和恶意攻击

3. 黑客最常采用的入侵网络的方法是（　　）。
   A．口令攻击　　　　　　B．恶意代码攻击
   C．拒绝服务攻击　　　　D．主动攻击

4. 下列选项中，不属于恶意代码的是（　　）。
   A．蠕虫　　　　　　　　B．木马
   C．用户自编的程序　　　D．僵尸程序

5. 授权用户的合法访问被无条件拒绝的攻击属于（　　）。
   A．被动攻击　　　　　　B．拒绝服务攻击
   C．口令攻击　　　　　　D．恶意代码攻击

6. 下列行为中，不会导致计算机感染病毒的是（　　）。

  A．安装来历不明的程序　　　　B．随意打开陌生电子邮件的附件

  C．从键盘上输入文字　　　　　D．连接陌生 WiFi

7. 下列关于计算机病毒的说法中，错误的是（　　）。

  A．计算机病毒是人为编制的具有破坏性的特殊程序代码或指令

  B．计算机病毒通过感染计算机文件进行传播

  C．计算机病毒是一种有逻辑错误的小程序

  D．计算机病毒会破坏计算机硬件或毁坏数据

8. 下列选项中，属于计算机病毒特点的是（　　）。

  A．潜伏性、表现性、可触发性

  B．破坏性、寄生性、不确定性

  C．隐蔽性、再生性、防御性

  D．应激性、传染性、免疫性

9. 下列选项中，不属于计算机病毒危害的是（　　）。

  A．损伤计算机的硬盘

  B．使计算机内存芯片损坏

  C．伤害计算机用户的身体健康

  D．影响程序的执行，破坏用户数据和程序

10. CIH 病毒在每年特定日期发作，这主要体现了病毒的（　　）。

  A．可触发性　　　　　　　　B．传染性

  C．隐蔽性　　　　　　　　　D．表现性

11. 计算机病毒可能的传播途径有（　　）。

①网络　②U盘　③键盘　④磁盘　⑤鼠标

  A．①③④　　　　　　　　　B．①②④

  C．①②③　　　　　　　　　D．②③④

12. 当发现计算机系统受到计算机病毒侵害时，应采取的合理措施是（　　）。

  A．删除可能感染病毒的所有文件

  B．立即断开网络，不再上网

  C．重新启动计算机，重装操作系统

  D．升级杀毒软件，对计算机进行病毒检测和查杀

13. 下列软件中，不属于杀毒软件的是（　　）。

  A．卡巴斯基　　　　　　　　B．360 助手

C．诺顿　　　　　　　　　D．金山毒霸

14．下列关于计算机病毒的叙述中，正确的是（　　）。

A．只要不连接互联网就不会感染计算机病毒

B．计算机病毒只会破坏计算机硬件，不会破坏软件

C．感染过计算机病毒的计算机具有对该病毒的免疫性

D．在使用 U 盘前，先对 U 盘进行病毒查杀

15．网络黑客是指（　　）。

A．网络间谍

B．一种计算机病毒

C．散播网络病毒的人

D．非法侵入他人计算机系统的人

16．下列关于灾难备份技术说法中，错误的是（　　）。

A．灾难备份是为了降低灾难发生的概率

B．灾难备份是为了减小灾难发生时或发生后造成的损失而采取的系统备份措施

C．完整的灾难备份系统主要由数据备份系统、数据处理备份系统等

D．灾难备份技术可以使系统免受黑客攻击

17．网络安全的根本技术是（　　）。

A．加密技术　　　　　　　B．灾难备份技术

C．恶意代码防护技术　　　D．防火墙技术

18．感染计算机病毒后程序无法运行，这主要体现了计算机病毒的（　　）。

A．激发性　　　　　　　　B．破坏性

C．传染性　　　　　　　　D．潜伏性

19．下列账户密码中，安全性最高的是（　　）。

A．1Hb#78　　　　　　　　B．abC012

C．9889567　　　　　　　 D．ABab88

20．防火墙可以分为软件防火墙和（　　）防火墙。

A．信息　　　　　　　　　B．病毒

C．硬件　　　　　　　　　D．资源

第 8 章 人工智能初步

8.1 初识人工智能

【学习目标】

- 了解人工智能的定义和发展。
- 了解人工智能对人类社会发展的影响。
- 了解人工智能的应用场景,如智能物流、智慧交通等。
- 了解人工智能的基本原理。

【思政目标】

- 遵纪守法、文明守信。
- 自觉践行社会主义核心价值观。

【知识梳理】

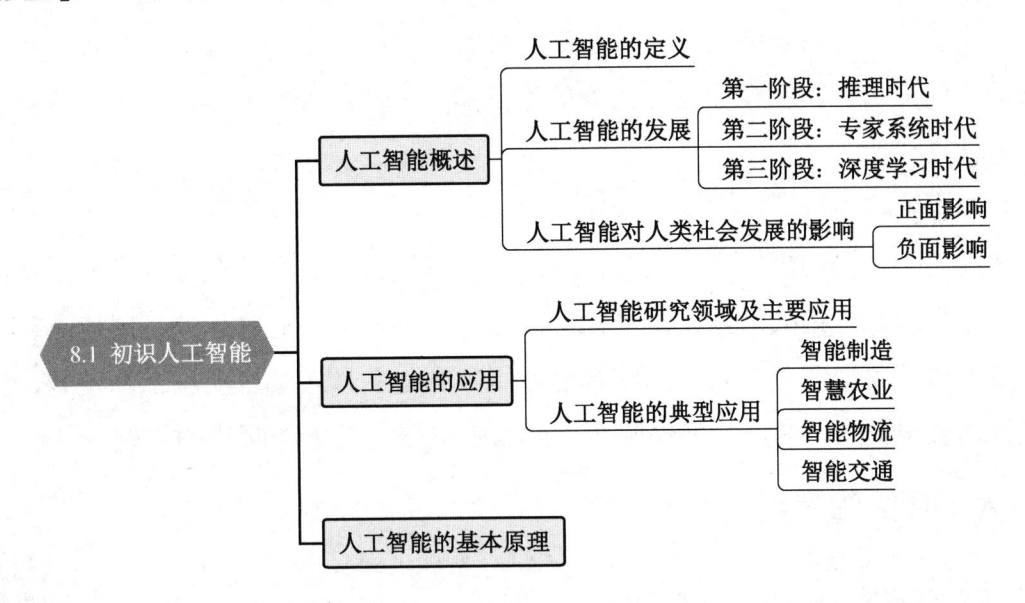

```
                                           ┌─ 人工智能的定义
                                           │                    ┌─ 第一阶段：推理时代
                         ┌─ 人工智能概述 ──┼─ 人工智能的发展 ──┼─ 第二阶段：专家系统时代
                         │                 │                    └─ 第三阶段：深度学习时代
                         │                 │                              ┌─ 正面影响
                         │                 └─ 人工智能对人类社会发展的影响┤
                         │                                                └─ 负面影响
8.1 初识人工智能 ────────┤
                         │                 ┌─ 人工智能研究领域及主要应用
                         │                 │                    ┌─ 智能制造
                         ├─ 人工智能的应用─┤                    ├─ 智慧农业
                         │                 └─ 人工智能的典型应用┤
                         │                                      ├─ 智能物流
                         │                                      └─ 智能交通
                         └─ 人工智能的基本原理
```

【知识要点】

一、人工智能概述

1. 人工智能的定义

人工智能（Artificial Intelligence，AI），即人造的智能，是指利用计算机或计算机控制的机器，模拟、延伸和扩展人的智能，感知环境、获取知识并使用知识获得最佳结果的理论、方法、技术及应用系统。

2. 人工智能的发展

1950年著名数学家、计算机之父图灵提出了一种用于判定机器是否具有智能的试验方法，即"图灵试验"，其为探索人工智能奠定了基础，因此图灵被誉为"人工智能之父"。1956年麦卡锡首次提出了"人工智能"的概念，标志着人工智能正式诞生。人工智能的发展经历了三个阶段，如表8-1-1所示。

表8-1-1　人工智能发展的三个阶段

阶段	名称	年份	标志性事件
第一阶段	推理时代	1955—1980	证明了著名的数学猜想——四色猜想（四色定理）
第二阶段	专家系统时代	1980—1993	麻省理工学院设计了用于数学运算的数学专家系统
第三阶段	深度学习时代	1993年至今	1997年"深蓝Ⅱ"战胜国际象棋世界冠军卡斯帕罗夫

3. 人工智能对人类社会发展的影响

（1）正面影响。

人工智能将人从枯燥的劳动中解放出来，越来越多简单、重复、危险的任务可以由机器

149

完成，它还能够比人做得更快、更准确。一些程式化、重复性、仅靠记忆和练习就可以掌握的工作，未来将由智能机器完成。人工智能在教育、医疗、金融、养老、环境保护、城市运行等领域的广泛应用，能够全面提升人们的生活品质，并给人们的生产、生活方式和思维模式带来革命性变化。

（2）负面影响。

人工智能是一种影响面极广的颠覆性技术，它可能带来改变就业结构、冲击法律与社会伦理、侵犯个人隐私、挑战国际关系准则等问题。近期人工智能技术的发展建立在大数据技术之上，这不可避免地涉及个人信息的合理使用问题，并且人工智能技术的发展也让侵犯个人隐私的行为变得更为便利。如何保障个人隐私不被侵犯是亟待解决的问题。

二、人工智能的应用

1. 人工智能研究领域及主要应用

目前，人工智能研究领域的关键技术包括机器学习、知识图谱、自然语言理解、计算机视觉、人机交互、生物特征识别、人工神经网络、虚拟现实与增强现实等。目前人工智能的主要应用集中在个人助理、安防、自驾领域、医疗健康、电商零售、金融、教育等领域。

2. 人工智能的典型应用

（1）智能制造。

智能制造是一种由智能机器和人类专家组成的人机一体化智能系统，它在制造过程中能进行智能活动，如分析、推理、判断、构思和决策等。通过与人合作，去扩大、延伸和部分地取代人类专家在制造过程中的脑力劳动。

（2）智慧农业。

智慧农业是指将现代科学技术与农业种植相结合，从而实现农业无人化、自动化、智能化管理。

（3）智能物流。

智能物流就是利用条形码、射频识别技术（RFID）、传感器技术、全球定位系统等先进的物联网技术通过信息处理和网络通信平台广泛应用于物流业运输、仓储、配送、包装、装卸等基本活动环节，实现货物运输过程的自动化运作和高效管理，从而提高物流行业的服务水平，减少人力、物力，降低成本。

（4）智能交通。

智慧交通是在交通领域充分运用物联网、云计算、人工智能、自动控制、移动互联网等现代电子信息技术面向交通运输的服务系统。智能交通应用广泛，包括交通监控、交通信息采集、导航、车牌识别、ETC、车联网和无人驾驶等。

三、人工智能的基本原理

人工智能的核心是算法，基础是数据，本质是计算。

【基础练习】

1. 人工智能的简称是（　　）。
   A．AI　　　　　　　　　B．AVI
   C．VR　　　　　　　　　D．AR

2. 人工智能的核心是（　　）。
   A．算法　　　　　　　　B．传感器
   C．数据　　　　　　　　D．知识

3. 从技术的角度看，人工智能的主要发展分为三个阶段，不包括（　　）。
   A．计算智能阶段　　　　B．认知智能阶段
   C．识别智能阶段　　　　D．感知智能阶段

4. 早期的人工智能是（　　）。
   A．计算智能　　　　　　B．认知智能
   C．识别智能　　　　　　D．感知智能

5. 人工智能的正面影响不包括（　　）。
   A．将人从枯燥的劳动中解放出来
   B．机器翻译取代大部分人工翻译
   C．侵犯个人隐私变得更便利
   D．全面提升人们的生活品质

6. 人工智能的负面影响有（　　）。
   ① 侵犯个人隐私　　　　② 一部分人的工作被机器取代
   ③ 冲击法律与社会伦理　④ 挑战国际关系准则
   A．①②④　　　　　　　B．②③④
   C．①②③　　　　　　　D．①③④

7. 目前，人工智能领域的关键技术包括（　　）。
   ① 机器学习　　② 知识图谱　　③ 自然语言理解
   ④ 计算机视觉　⑤ 人机交互　　⑥ 生物特征识别
   A．①②④⑤⑥　　　　　B．②③④⑤⑥
   C．①②③④⑤　　　　　D．①②③④⑤⑥

8. 人工智能的典型应用有（　　）。

　① 智能制造　　② 智慧农业　　③ 智能物流　　④ 智能交通

　　A．①②④　　　　　　　　　B．②③④

　　C．①②③④　　　　　　　　D．①③④

9. 下列选项中，不属于人工智能技术的是（　　）。

　　A．人脸识别　　　　　　　　B．指纹识别

　　C．声音识别　　　　　　　　D．语音聊天

10. 人脸识别的关键技术是（　　）。

　　A．语音识别　　　　　　　　B．机器学习

　　C．自然语言处理　　　　　　D．生物特征识别

11. （　　）是指将现代科学技术与农业种植相结合，从而实现农业无人化、自动化、智能化管理。

　　A．传统农业　　　　　　　　B．智慧农业

　　C．现代农业　　　　　　　　D．绿色农业

12. 利用机器人进行快递分拣、装卸，对应的人工智能应用领域是（　　）。

　　A．智能物流　　　　　　　　B．智能交通

　　C．智能制造　　　　　　　　D．电子商务

13. 交通监控、导航、车牌识别、ETC等对应的人工智能应用领域是（　　）。

　　A．智能物流　　　　　　　　B．智能交通

　　C．智能制造　　　　　　　　D．电子商务

14. 语音输入主要应用人工智能的技术是（　　）。

　　A．声音识别　　　　　　　　B．人脸识别

　　C．指纹识别　　　　　　　　D．光学识别

15. 下列选项中，不属于人工智能技术应用范畴的是（　　）。

　　A．利用翻译软件翻译文献

　　B．用耳麦进行语音对话

　　C．通过人脸识别登录网银系统

　　D．将纸质文件扫描并借助OCR软件识别成电子文档

8.2 了解机器人

【学习目标】

- 了解机器人的定义与分类。
- 了解机器人的发展阶段。
- 了解机器人在现代生活中的应用。

【思政目标】

- 爱岗敬业、遵纪守法。
- 增强科技自信，明确责任担当。

【知识梳理】

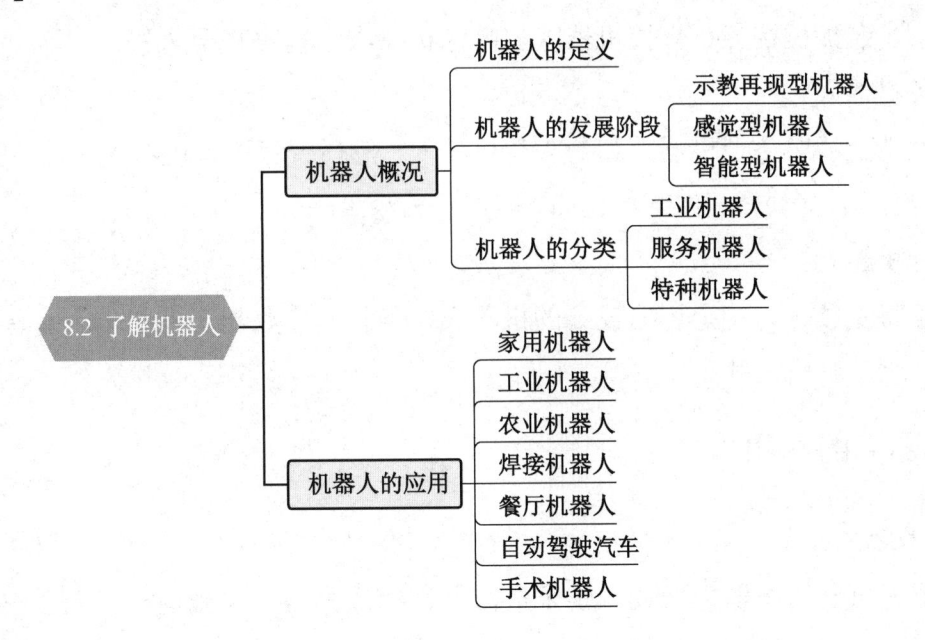

```
                              ┌─ 机器人的定义
                              │                  ┌─ 示教再现型机器人
                   ┌─ 机器人概况 ─ 机器人的发展阶段 ─┼─ 感觉型机器人
                   │                              └─ 智能型机器人
                   │                              ┌─ 工业机器人
                   │              └─ 机器人的分类 ─┼─ 服务机器人
8.2 了解机器人 ────┤                              └─ 特种机器人
                   │              ┌─ 家用机器人
                   │              ├─ 工业机器人
                   │              ├─ 农业机器人
                   └─ 机器人的应用 ─┼─ 焊接机器人
                                  ├─ 餐厅机器人
                                  ├─ 自动驾驶汽车
                                  └─ 手术机器人
```

【知识要点】

一、机器人概况

1. 机器人的定义

机器人（Robot）是一种自动化的机器，这种机器具备一些与人或生物相似的智能能力，如感知能力、规划能力、动作能力和协同能力，是一种具有高度灵活性的自动化机器。机器人具有感知、决策、执行等基本特征，可以辅助甚至替代人类完成一些危险、繁重、复杂的工作，提高工作效率与质量，服务人类生活，扩大或延伸人的活动及能力范围。

2. 机器人的发展阶段

（1）第一代机器人：示教再现型机器人。1947年，为了搬运和处理核燃料，美国橡树岭国家实验室研发了世界上第一台遥控机器人。

（2）第二代机器人：感觉型机器人。20世纪70年代后期，人们开始研究感觉型机器人。这种机器人拥有类似人的感觉功能，如触觉、视觉、听觉等，它能够通过感觉来识别工件的形状、大小和颜色。

（3）第三代机器人：智能型机器人。20世纪90年代以来发明的机器人，这种机器人带有多种传感器，可以进行复杂的逻辑推理、判断及决策，在变化的内部状态与外部环境中，自主决定自身的行为。

3. 机器人的分类

根据应用环境不同，机器人可分为三类，即工业机器人、服务机器人和特种机器人。

（1）工业机器人。

面向工业领域的多关节机械手或多自由度机器人，工业机器人的种类主要有搬运机器人（码垛机器人）、装配机器人、焊接机器人、喷涂机器人、检测机器人等。

（2）服务机器人。

用于非制造业的服务型机器人和仿人型机器人，包括智能语音机器人、公共服务机器人、家用机器人等。

（3）特种机器人。

针对一个特定领域、特定用途设计的机器人，如月球车、核工业机器人、军用机器人、农业机器人、水下机器人等。

二、机器人的应用

1. 家用机器人

家用机器人可分为电器机器人、娱乐机器人、厨师机器人、搬运机器人、不动机器人、移动助理机器人和类人机器人。

2. 农业机器人

农业机器人是一种为农业设计的机器人。机器人或无人机在农业中的新兴应用包括播种、打药、收割、环境监测和土壤分析等。收割机器人、采摘水果机器人、无人驾驶拖拉机、剪羊毛机器人旨在替代人工操作。

3. 焊接机器人

焊接机器人是一种通过执行焊接和处理零件来完成自动化焊接的机器人。机器人焊接通常用于汽车工业等高产量应用中的电阻点焊和电弧焊。

4. 餐厅机器人

餐厅机器人可以送餐、洗菜、切菜及烹饪食物。餐厅机器人的使用使餐厅管理自动化。

5. 自动驾驶汽车

全自动无人驾驶汽车需要使用摄像头、雷达、超声波传感器等设备识别周围环境并指定目的地,根据事先规划好的线路,即可自行出发。

6. 手术机器人

手术机器人是机器人在医学领域的应用,它配备了 3D 摄像头,手臂末端的关节相当于人的手腕,可以弯曲。手术机器人可以对患者进行微创手术。例如,达芬奇外科手术系统是一种高级机器人平台,其设计理念是采用微创的方法实施复杂的外科手术。

【基础练习】

1.（　　）一种具有高度灵活性的自动化机器,它具备一些与人或生物相似的智能能力,如感知能力、规划能力、动作能力和协同能力。

　　A．机器人　　　　　　　　B．人工智能

　　C．AlphaGo　　　　　　　 D．ENIAC

2. 下列关于机器人的描述中,错误的是（　　）。

　　A．机器人是一种自动化机器

　　B．机器人具备独立思考能力

　　C．机器人是一种具有高度灵活性的机器

　　D．机器人具备一些与人或生物相似的智能能力

3. 第一代机器人是（　　）。

　　A．示教再现型机器人　　　B．感觉型机器人

　　C．智能型机器人　　　　　D．工业机器人

4. 20 世纪 90 年代以来发明的,带有多种传感器,可以进行复杂的逻辑推理、判断及决策的机器人是（　　）。

　　A．工业机器人　　　　　　B．示教再现型机器人

　　C．感觉型机器人　　　　　D．智能型机器人

5. 根据应用环境不同,机器人可分为三类,不包括（　　）。

　　A．工业机器人　　　　　　B．服务机器人

　　B．特种机器人　　　　　　D．服务与仿人型机器人

6. 下列选项中,不属于工业机器人的是（　　）。

　　A．搬运机器人　　　　　　B．装配机器人

  C．焊接机器人   D．医疗机器人

7．下列选项中，不属于服务机器人的是（   ）。

  A．扫地机器人   B．月球车

  C．导盲机器人   D．医疗机器人

8．收割机器人、采摘水果机器人、无人驾驶拖拉机都属于（   ）。

  A．工业机器人   B．焊接机器人

  C．服务机器人   D．农业机器人

9．机器人可以应用于（   ）。

 ① 灭火   ② 喷涂   ③ 自动驾驶   ④ 电焊

  A．①②③④   B．①②③

  C．②③④   D．①③④

10．机器人获取周围环境中的声、光、电等信息，主要靠的是（   ）。

  A．识别技术   B．驱动器

  C．传感器   D．控制器

综合模拟测试卷

综合测试卷（一）

一、单项选择题（20分）

1. 下列设备中，属于存储介质的是（　　）。
   A．SD卡　　　　　　　　B．显卡
   C．声卡　　　　　　　　D．网卡

2. 下列数字中，可能是二进制数的是（　　）。
   A．1001　　　　　　　　B．1002
   C．1003　　　　　　　　D．1004

3. 下列关于计算机病毒的说法中，错误的是（　　）。
   A．计算机病毒本质上是一种特殊的程序
   B．杀毒软件对于新病毒的查杀具有滞后性
   C．杀毒软件可以查杀绝大多数已经存在的病毒
   D．感染过计算机病毒的计算机不会再次感染相同的病毒

4. 使用计算机录制声音时，采用下列哪种参数设置，录制的声音质量最高？（　　）
   A．分辨率和采样频率都设置为最低
   B．分辨率和采样频率都设置为最高
   C．分辨率设置为最低，采样频率设置为最高
   D．分辨率设置为最高，采样频率设置为最低

5. 下列软件中，可以播放音乐的是（　　）。
   A．Photoshop   B．美图秀秀
   C．ACDSee   D．Windows Media Player

6. 世界上第一台计算机是（　　）在美国诞生的电子数值积分计算机，简称（　　）。
   A．1946年　ENIAC   B．1940年　ENCAI
   C．1936年　ENCAI   D．1956年　ENIAC

7. 下列关于内存与硬盘的说法中，错误的是（　　）。
   A．内存和硬盘都属于内部存储设备
   B．内存的容量相对硬盘来说比较小
   C．内存的存取速度与硬盘相比更快
   D．内存中的数据在断电后丢失，硬盘中的数据可以长期保存

8. 利用计算机制作3D动画电影属于（　　）。
   A．计算机辅助制造   B．计算机辅助教学
   C．计算机辅助设计   D．计算机辅助管理

9. 超市收银员扫描商品条码时使用的条形码阅读器属于（　　）。
   A．价格输入设备   B．条码输入设备
   C．编码输入设备   D．光学输入设备

10. 键盘上的"Shift"键是（　　）。
    A．删除键   B．制表键
    C．上档键   D．截图键

11. 要想访问网络页面，计算机上需要安装的软件是（　　）。
    A．Office   B．Dreamweaver
    C．浏览器   D．编辑器

12. 使用搜索引擎在网络上查找信息时，搜索框中输入的内容称为（　　）。
    A．网址   B．文件名
    C．网站名   D．关键字

13. 下列软件中，不属于即时聊天软件的是（　　）。
    A．QQ   B．微信
    C．钉钉   D．美团

14. 智能手机的触摸屏属于（　　）。
    A．存储设备   B．输入设备
    C．输出设备   D．既是输入设备也是输出设备

15. 在内部网络与外部网络之间添加防火墙是（　　）。

　　A．让内部网络与外部网络相连接

　　B．将外部网络与内部网络隔离

　　C．让内部网络不能访问外部网络

　　D．防止内部网络感染计算机病毒

16. 在 Photoshop 中创建一幅图像，完成制作后分别保存为"海报.bmp"和"海报.jpg"，这两个文件的存储容量相比（　　）。

　　A．"海报.bmp"大　　　　　　B．"海报.jpg"大

　　C．不能确定　　　　　　　　D．一样大

17. 游戏中的人物可以根据用户的操作指令做出跑步、跳跃、打坐、攻击等动作，这显示了多媒体技术的（　　）。

　　A．多样性　　　　　　　　　B．非线性

　　C．集成性　　　　　　　　　D．交互性

18. 下列选项中，错误的 IP 地址是（　　）。

　　A．10.122.100.58　　　　　　B．165.72.1.15

　　C．192,168,0,100　　　　　　D．172.168.10.128

19. 网络的主要功能是数据通信、分布式处理和（　　）。

　　A．在线服务　　　　　　　　B．数据存储

　　C．资源共享　　　　　　　　D．资源分配

20. 用户电子邮箱中的邮件默认保存在（　　）。

　　A．用户计算机的内存中　　　B．邮件服务器的硬盘中

　　C．邮件服务器的内存中　　　D．用户计算机的硬盘中

二、综合题（80分）

21. 文字录入题。

蓝牙是一种支持设备短距离通信的无线电技术。它能在包括移动电话、PDA、无线耳机、笔记本电脑等设备之间进行无线信息交换。利用蓝牙技术，既能够有效地简化移动通信终端设备之间的通信，也能够成功地简化设备与互联网之间的通信，从而使数据传输变得更加迅速高效，为无线通信拓宽道路。蓝牙采用分散式网络结构及快跳频和短包技术，支持点对点及点对多点通信，工作在全球通用的 2.4 GHz ISM（即工业-科学-医学）频段，以时分双工传输方案实现全双工传输，其数据速率为 1 Mbit/s。

22. 文件基础操作题。

（1）将"综合测试卷一"文件夹下的"KEEN"文件夹设置为"隐藏"属性。

(2)将"综合测试卷一"文件夹下的"QEEN"文件夹移动到"综合测试卷一\NEAR"文件夹下,重命名为"SUNE"。

(3)将"综合测试卷一\DEER\DAIR"文件夹中的"TOUR.pas"文件复制到"综合测试卷一\CRY\SUMMER"文件夹中。

(4)将"综合测试卷一\CREAM"文件夹下的"SOUP"文件夹删除。

(5)在"综合测试卷一"文件夹下建立一个名为"TESE"的文件夹。

23．网络应用题。

请将一台计算机完成如下设置。

(1)设置 IP 地址为：192.168.10.31。

(2)设置子网掩码为：255.255.255.0。

(3)设置默认网关为：192.168.0.1。

(4)设置 DNS 服务器为：218.85.157.20。

24．文字处理题。

对"综合测试卷一"文件夹中的"WPS.wps"素材文档,按以下要求完成操作并保存。

(1)将文中所有"统计技术资格"替换为"统计专业技术资格";将页面的上、下、左、右页边距均设置为"20毫米"。

(2)将正标题文字"关于 2013 年度……工作安排的通知"的字符格式设置为"黑体、小二号",字体颜色设置为"红色",对齐方式设置为"居中对齐";将副标题文字"国家统计局……13:52:39"的字号设置为"四号",对齐方式设置为"居中对齐"。

(3)将除"考试级别……上午 9:00—12:00"外的所有正文的字号均设置为"小四",特殊格式设置为"首行缩进",度量值设置为"2 字符",段前间距设置为"0.5 行"。

(4)将以制表符分隔的文本"考试级别……上午 9:00—12:00"转换为一个表格,为该表格套用"主题样式 1-强调 3"表格样式。将该表格中 3 列的列宽均设置为"50毫米",表格居中。

(5)将表格中所有文字的字号均设置为"小五",设置第 1 行文字的字形为"加粗",对齐方式为"水平居中";将第 1 列中的第 2 个与第 3 个单元格,第 4 个与第 5 个单元格分别进行合并,合并后的两个单元格文字对齐方式均设置为"中部两端对齐"。

25．电子表格处理题。

打开"综合测试卷一"文件夹中的"Book1.et"素材文档,按以下要求完成操作,并以同名保存文档。

(1)将 A1 单元格中的文字"近十年国家财政各项税收情况统计"在 A1:K1 单元格区域内合并居中,为合并后的单元格填充"紫色",并将其中字符格式设置为"黑体、20",字体颜色设置为"黄色"。将数据列表按年度由低到高(2002 年、2003 年、2004 年……)排序,注意平均值和合计值不能参加排序。

（2）为排序后的 A4:K18 单元格区域套用"表样式中等深浅 6"表格样式。将 B5:J18 单元格区域的数字格式设置为"数值、保留 2 位小数、使用千位分隔符"；将增长率所在的 K5:K14 单元格区域内的数字格式设置为"百分比、保留 2 位小数"。

（3）分别运用公式和函数进行下列计算。

① 计算每年各项税收总额的合计值，结果填入 I5:I14 单元格区域的相应单元格中。

② 计算各个税种的历年平均值和合计值，结果填入 B17:I18 单元格区域的相应单元格中。

③ 运用公式"比上年增长值=本年度税收总额-上年度税收总额"，分别计算 2003—2011 年的税收总额逐年增长值，填入 J 列的相应单元格中。

④ 运用公式"比上年增长率=比上年增长值÷上年度税收总额"，分别计算 2003—2011 年的税收总额逐年增长率，填入 K 列的相应单元格中。

（4）运用数据区域 A4:H14 创建一个"堆积柱形图"，以年度为分类 x 轴，图表标题为"近十年各项税收比较"，移动并适当调整图表大小将其放置在 A20:K48 单元格区域内。

26．演示文稿处理题。

打开"综合测试卷一"文件夹中的"ys.dps"素材文档，按以下要求完成操作并保存。

（1）将第 1 张幻灯片与第 2 张幻灯片的位置互换。在演示文稿的最后插入一张空白幻灯片，在其中插入艺术字，艺术字样式任选，设置艺术字内容为"欢迎新同事"，字体为"隶书"，字号为"96"。

（2）将第 3 张幻灯片的版式设置为"两栏内容"，将"综合测试卷一"文件夹中的"pic.png"图片文件插入右侧的内容框中，并为该图片设置"进入-基本型-飞入"动画。

（3）将第 4 张幻灯片的标题修改为"员工须知"，将其版式修改为"两栏内容"，并将"工资制度"后的文本内容移动到右侧的文本框中，为右侧文本框设置"进入-基本型-展开"动画。

（4）将演示文稿中所有幻灯片的切换方式均设置为"插入"，效果选项为"向左"；为整个演示文稿应用一种适当的设计模板。

27．Python 程序设计题。

（1）打开"ks1.py"文件，设置程序功能为：绘制边长为 100 像素的正六边形。将文件中提供的程序代码补充完整。

（2）打开"ks2.py"文件，设置程序功能为：从键盘中输入 5，输出 a+b=7，并将文件中提供的程序代码补充完整。

综合测试卷（二）

一、单项选择题（20分）

1. 下列行为中，不能提高信息安全性的是（　　）。
   A. 安装防火墙和杀毒软件　　B. 定期格式化硬盘并重装操作系统
   C. 定期更换重要的密码　　D. 不随意打开陌生人发来的电子邮件或链接

2. 下列网站中，属于教育机构网站的是（　　）。
   A. http://www.cnnic.net.cn　　B. http://www.harvard.edu
   C. http://www.inn.org　　D. http://www.sina.com.cn

3. 下列选项中，属于专业下载工具的是（　　）。
   A. 迅雷看看　　B. 酷狗音乐
   C. 暴风影音　　D. 迅雷

4. IP地址（IPv4）由32个二进制位组成，分为4个字节，每个字节以十进制数（0～255）来表示，下列IP地址中正确的是（　　）。
   A. 192,168,0,201　　B. 192.168.0.201
   C. 192;168;0;201　　D. 192:168:0:201

5. 下列关于电子邮件中添加附件的说法中，错误的是（　　）。
   A. 可以添加图形文件　　B. 可以添加声音文件
   C. 可以添加视频文件　　D. 可以添加文件夹

6. 将计算机屏幕上显示的操作过程保存为一个视频文件，这称为（　　）。
   A. 截图　　B. 录屏
   C. 扫描　　D. 摄像

7. 小明想在计算机中对老照片进行美化处理，不适合的软件是（　　）。
   A. 美图秀秀　　B. GoldWave
   C. Photoshop　　D. ACDSee

8. 下列文件中，不属于视频文件的是（　　）。
   A. 神奇动物.mp3　　B. 疯狂的石头.wmv
   C. 双塔奇兵.mp4　　D. 封神榜.asf

9. 为了标识主机在网络中的位置，网络中的每台主机都有一个唯一的地址，该地址分为四段，由数字组成，称为（　　）。
   A. 网址　　B. IP地址

C. URL
D. 域名

10. 下列文件中，图像处理软件无法编辑的是（　　）。

　　A. 大好河山.jpg
　　B. 大好河山.bmp
　　C. 大好河山.png
　　D. 大好河山.mpg

11. 为了将二进制数与其他进制数进行区分，可以在二进制数后加字母来表示，用来表示二进制数的字母是（　　）。

　　A. H
　　B. O
　　C. D
　　D. B

12. 在输入文档时，需要从"插入"状态切换成"改写"状态，应该按键盘上的（　　）。

　　A. "Num Lock"键
　　B. "Shift"键
　　C. "Caps Lock"键
　　D. "Insert"键

13. 下列选项中，同时包含输入设备、输出设备和存储设备的是（　　）。

　　A. 移动硬盘、光盘、U盘
　　B. 鼠标、键盘、打印机
　　C. 摄像头、打印机、U盘
　　D. 显示器、激光打印机、音响

14. 人们通常所说的"64位计算机"中的64位是指计算机的（　　）。

　　A. CPU主频
　　B. 内存容量
　　C. 运算速度
　　D. 字长

15. 下列选项中，依次为二进制数、八进制数和十六进制数的一组数是（　　）。

　　A. 10，78，16
　　B. 20，80，15
　　C. 10，77，3A
　　D. 20，77，1E

16. 一台计算机被称为"裸机"是因为该计算机（　　）。

　　A. 没有安装任何应用软件
　　B. 没有安装任何软件
　　C. 没有机箱
　　D. 没有任何外部设备

17. 在计算机网络中，提供并管理共享资源的设备是（　　）。

　　A. 工作站
　　B. 交换机
　　C. 路由器
　　D. 服务器

18. 在计算机软件分类中，Oracle属于（　　）。

　　A. 操作系统
　　B. 语言处理程序
　　C. 数据库管理系统
　　D. 服务性程序

19. 计算机具有存储程序控制的功能，所以计算机能够（　　）。

　　A. 进行数据处理
　　B. 输出数据处理结果
　　C. 自动、连续地进行数据处理
　　D. 输入数据进行计算

20. 计算机硬件系统不包含（　　）。

  A．输入设备　　　　　　　　B．存储设备

  C．输出设备　　　　　　　　D．外部设备

二、综合题（80分）

21. 文字录入题。

  曲曲折折的荷塘上面，弥望的是田田的叶子。叶子出水很高，像亭亭的舞女的裙。层层的叶子中间，零星地点缀着些白花，有袅娜地开着的，有羞涩地打着朵儿的；正如一粒粒的明珠，又如碧天里的星星，又如刚出浴的美人。微风过处，送来缕缕清香，仿佛远处高楼上渺茫的歌声似的。这时候叶子与花也有一丝的颤动，像闪电般，霎时传过荷塘的那边去了。叶子本是肩并肩密密地挨着，这便宛然有了一道凝碧的波痕。叶子底下是脉脉的流水，遮住了，不能见一些颜色；而叶子却更见风致了。

22. 文件基础操作题。

 （1）将"综合测试卷二\COFF\JIN"文件夹中的"MONEY.txt"文件设置为"隐藏"和"只读"属性。

 （2）将"综合测试卷二\DOSION"文件夹中的"HDLS.sel"文件复制到同一文件夹中，文件重命名为"AEUT"。

 （3）在"综合测试卷二\SORRY"文件夹中新建一个"WINBJ"文件夹。

 （4）将"综合测试卷二\WORD2"文件夹中的"EXCEL.map"文件删除。

 （5）将"综合测试卷二\STORY"文件夹中的"ENGLISH"文件夹重命名为"CHUN"。

23. 网络应用题。

在浏览器中完成如下设置。

 （1）将主页设置为"http://www.baidu.com"。

 （2）将安全级别等级设置为"高"。

24. 文字处理题。

打开"综合测试卷二"文件夹中的"WPS.wps"素材文档，按以下要求完成操作并保存。

 （1）设置文档的页面布局。

 ① 设置纸张方向为"横向"，纸张大小为"16开"。

 ② 设置页面上、下页边距为"2厘米"，左、右页边距为"3厘米"。

 ③ 设置页面背景颜色为主题颜色"灰色-25%，背景2"。

 （2）将文档题目"邀请函"按以下格式设置。

 ① 设置中文字体为"黑体"，字号为"56"，字符间距缩放为"170%"。

 ② 设置对齐方式为"居中对齐"，段落间距为"段前0行、段后1行"。

③ 设置艺术字样式为"渐变填充-亮石板灰",阴影效果为"内部右下角",发光效果为"灰色-50%,5 pt 发光,着色 3"。

(3) 将除"文档标题"外的所有内容进行以下设置。

① 设置中文字体为"楷体",字号为"四号"。

② 将"尊敬的"和"先生"中间的空白区域,设置下画线。

③ 将"昂首是春……"所在的段落,设置特殊格式为"首行缩进",度量值为"2 字符",行距为"1.5 倍行距"。

(4) 在"昂首是春……"所在的段落后插入一个空白段落。

(5) 文档最后两行为时间和地点(以空格分隔),将其转换为 2 行 2 列的表格,并对表格进行以下操作。

① 将表格尺寸设置为"指定宽度 18 厘米",表格的对齐方式为"左对齐",并将左缩进设置为"1 厘米"。

② 将"表格选项"对话框中的默认单元格边距设置为上、下"0.1 厘米",左"1 厘米",右"0.2 厘米"。

③ 设置表格边框为"单波浪线",颜色为"灰色-25%,背景 2,深色 50%",宽度为"1.5 磅",并将表格边框设置为不显示"内部竖框线"。表格的第 1 列设置为"指定宽度 4 厘米"。

(6) 为文档添加页脚,在页脚处插入图片"页脚.png",并按以下要求设置图片。

① 取消图片的锁定纵横比设置,设置图片高度为"10 厘米",宽度为"10 厘米"。

② 将图片的文字环绕方式由默认的"嵌入型"修改为"衬于文字下方"。

③ 设置图片为"固定在页面上",并调整至特定位置。修改图片布局,水平方向:对齐方式为"右对齐",相对于"页面";垂直方向:对齐方式为"下对齐",相对于"页面"。

25. 电子表格处理题。

打开"综合测试卷二"文件夹中的"ET.et"素材文档,按以下要求完成操作并保存。

(1) 在"Sheet1"工作表中的完成以下操作。

① 将"Sheet1"工作表表重命名为"员工信息表"。

② 在"员工信息表"工作表中,选中 A1:K1 单元格区域,设置文本内容对齐方式为"居中对齐",字形为"加粗",单元格背景颜色为主题颜色"黑色,文本 1",字体颜色为主题颜色"白色、背景 1",行高为"25 磅"。

③ "员工信息表"工作表中存在 10 条重复项,选中 A2:H31 单元格区域,使用"删除重复项"功能,将重复的员工信息删除,并将保留的员工信息按照"部门名称"进行"升序"排序。

(2) 在"员工信息表"工作表中,利用条件格式将"工资"所在列高于平均值的单元格设置为"浅红填充色深红色文本",低于平均值的单元格设置为"绿填充色深绿色文本",利用条件格式将"当前状态"所在列内容为"离职"的单元格设置为"黄填充色深黄色文本"。

(3)在"员工信息表"工作表中汇总信息,需要计算几个关键数据,计算结果记录在以下关键数据的右侧空白单元格中。

① 员工总数:使用"COUNT"函数计算公司的"员工总数"。

② 工资总额:使用"SUM"函数计算所有员工的"工资总额"。

③ 平均薪资:计算所有员工的"平均薪资"。

(4)小丽希望了解各部门人员的离职情况,请根据以下要求完成操作。

① 将 A1:K21 单元格区域生成数据透视表,放置在"统计表"工作表中。

② 利用透视表统计各部门员工当前状态的人数分布情况,要求"值"区域按"当前状态"计数,结果参考下图。

部门名称	离职	在职	总计
××1部	××	××	××
××2部	××	××	××
××3部	××	××	××
××4部	××	××	××
总计	××	××	××

③ 透视表中的"部门名称"列按"降序"排序,排序依据为"计数项:当前状态"。

(5)对"员工信息表"工作表进行打印页面设置。

① 将"员工信息表"工作表设置为"横向",缩放比例为"120%",页面纸张大小为"A5 纸"。

② 将 A1:K21 单元格区域设置为打印区域。

(6)为了美化"员工信息表"工作表的显示效果,选中 A1:K21 单元格区域插入表格,套用"表样式中等深浅 4"表格样式。

26. 演示文稿处理题。

打开"综合测试卷二"文件夹中的"WPP.dps"素材文档,按以下要求完成操作并保存。

(1)按照以下要求,对演示文稿的幻灯片进行设计。

① 进入幻灯片母版,将母版名称从"Office 主题"重命名为"疫情防护"。

② 在幻灯片母版中,设置"节标题"版式的标题和文本占位符的文本格式:中文字体为"黑体",西文字体为"Tires New Roman",文字颜色为"浅蓝",字形为"加粗"。

③ 关闭幻灯片母版,使用"综合测试卷二"文件夹中的"目录页.png"图片,作为第 2 张幻灯片的背景图片,并为三个目录项的文本内容分别设置超链接至对应的节标题幻灯片(第 3 张、第 5 张、第 7 张)。

（2）除标题幻灯片外，设置其他幻灯片在右下角显示幻灯片编号。

（3）在第4张幻灯片，对幻灯片中内容设置动画。

① 为文本设置"强调-细微型-添加下画线"动画，动画文本由"按字母"修改为"整批发送"。

② 为右侧图片设置"进入-基本型-盒状"动画。

（4）对第6张幻灯片进行以下设置。

① 更改幻灯片版式为"标题和内容"。

② 在标题占位符中输入标题文字"人感染冠状病毒后的症状"，并设置文本艺术字效果为"填充-亮天蓝色，着色2，轮廓-着色2"。

③ 把原文本框中的三段内容"主要症状……疫情。"全部移动到文本占位符，并设置文本艺术字效果为"渐变填充-亮石板灰"。

④ 将"综合测试卷二"文件夹中的"音乐.mp3"文件作为背景音乐，嵌入当前幻灯片中。

（5）为演示文稿中的幻灯片第2~9张设置幻灯片切换效果为"轮辐"，切换声音为"风铃"，并设置"播放下一段声音前一直循环"。

（6）在设置放映方式中，将文档的"放映类型"修改为"展台自动循环放映（全屏幕）"。

27．Python程序设计题。

（1）打开"ks1.py"文件，设置程序功能为：求 1*2+2*3+3*4+4*5+5*6 的值。将文件中提供的程序代码补充完整。

（2）打开"ks2.py"文件，设置程序功能为：将 a 和 b 的值对调，如从键盘中输入 a 的值为"5"，b 的值为"6"，则输出"6 5"。将文件中提供的程序代码补充完整。

综合测试卷（三）

一、单项选择题（20分）

1．将经常浏览的网站收藏到浏览器的收藏夹中，实际上是收藏了网站的（　　）。

　　A．图片　　　B．快照　　　C．地址　　　D．内容

2．计算机网络最主要的功能是（　　）。

　　A．提高计算机的可靠性　　　B．提供了很多网络服务

　　C．数据通信和资源共享　　　D．扩充计算机的存储容量

3．同学们进行网上聊天时最可能使用的软件是（　　）。

　　A．IE　　　　　　　　　　　B．QQ

　　C．Word　　　　　　　　　　D．NetAnts

4. 下列选项中，属于网络信息安全措施的是（   ）。

    A．定期重新安装操作系统

    B．经常进行磁盘碎片整理

    C．经常更换资金账户的密码

    D．经常重启 Model 或路由器

5. 下列网络行为中，使用了文件传输服务的是（   ）。

    A．使用微信聊天　　　　　　B．浏览网页

    C．发送电子邮件　　　　　　D．从网上下载软件

6. 在计算机上使用软件加工图像时，为了使图像中人物的轮廓更清晰，正确的操作是（   ）。

    A．增加人物的对比度　　　　B．对人物进行锐化处理

    C．消除人物的红眼　　　　　D．美白人物的皮肤

7. 多媒体计算机中的"媒体"不包括（   ）。

    A．文本、动画的载体　　　　B．图形、图像的载体

    C．音频、视频的载体　　　　D．广告、新闻的载体

8. 下列选项中，属于多媒体输入设备的是（   ）。

    A．显示器　　　　　　　　　B．打印机

    C．摄像头　　　　　　　　　D．音箱

9. 下列选项中，不属于搜索引擎的是（   ）。

    A．百度　　　　　　　　　　B．天猫

    C．谷歌　　　　　　　　　　D．必应

10. 下列设备中，不属于多媒体输出设备的是（   ）。

    A．音响　　　　　　　　　　B．摄像头

    C．投影仪　　　　　　　　　D．彩色打印机

11. 主机和外部设备构成了计算机的（   ）。

    A．办公系统　　　　　　　　B．操作系统

    C．硬件系统　　　　　　　　D．软件系统

12. 互联网属于信息系统中的（   ）。

    A．硬件　　　　　　　　　　B．软件

    C．通信网络　　　　　　　　D．信息资源

13．人为编制的具有破坏性的特殊程序，一般称为（　　）。

　　A．生物病毒　　　　　　　B．黑客程序

　　C．系统漏洞　　　　　　　D．计算机病毒

14．利用下列程序设计语言编写的程序，不需要解析或翻译就可以被计算机识别和执行的是（　　）。

　　A．机器语言　　　　　　　B．汇编语言

　　C．高级语言　　　　　　　D．自然语言

15．下列选项中，不属于计算机病毒特点的是（　　）。

　　A．传染性　　　　　　　　B．破坏性

　　C．可预见性　　　　　　　D．可触发性

16．一个完整的计算机系统由（　　）。

　　A．主机和外部设备组成

　　B．硬件系统和软件系统组成

　　C．CPU、存储器、输入、输出设备组成

　　D．主机、显示器、键盘和鼠标组成

17．用来衡量计算机运算速度的指标是（　　）。

　　A．Kbit/s　　　　　　　　B．MIPS

　　C．GHz　　　　　　　　　D．bit

18．小明从电脑城组装了一台计算机，该计算机是一台裸机，需要小明最先安装的软件应该是（　　）。

　　A．SQLserver　　　　　　B．Office

　　C．Windows　　　　　　　D．Java

19．计算机上一般都会配置CD-ROM这个设备，其中文含义是（　　）。

　　A．随机存储器　　　　　　B．光盘只读存储器

　　C．光盘随机存储器　　　　D．只读存储器

20．下列选项中，不属于多媒体设备的是（　　）。

　　A．平板电脑　　　　　　　B．智能手机

　　C．固定电话机　　　　　　D．智能电视

二、综合题（80分）

21．文字录入题。

2018年1月3日起，可通过网络购买春运首日（2018年2月1日）的火车票；2018年1月17日起，可通过网络购买2018年除夕当天（2月15日）的火车票；2018年1月18日起，

可通过网络购买 2018 年正月初一当天（2 月 16 日）的火车票。

22．文件基础操作题。

（1）在"综合测试卷三\CCTVA"文件夹下新建一个"LEDER"文件夹。

（2）将"综合测试卷三\HIGER\YION"文件夹中的"ARIP.bat"文件重命名为 FAN.bat。

（3）将"综合测试卷三\GOREST\TREE"文件夹中的"LEAF.map"文件设置为"只读"属性。

（4）将"综合测试卷三\BOP\YIN"文件夹中的"FILE.wri"文件复制到"综合测试卷三\SHEET"文件夹中。

（5）将"综合测试卷三\XEN\FISHER"文件夹中的"EAT"文件夹删除。

23．网络应用题。

在浏览器中完成如下设置。

（1）将主页设置为"http://www.qq.com"。

（2）设置关闭浏览器时清空临时文件夹。

24．文字处理题。

打开"综合测试卷三"文件夹中的"WPS.wps"素材文档，按以下要求完成操作并保存。

（1）设置页面的左右页边距分别为"2.5 厘米"和"3.5 厘米"，装订线位于左侧 0.1 厘米处；在页面底端居中插入"第一页"样式页码；为文档添加文字水印，水印内容为"中国电子商务"，设置水印字体为"仿宋"，颜色为"红色"，字形为"倾斜"，透明度为"90%"。

（2）将文中所有"电商"替换为"电子商务"；设置标题段文字"中国电子商务行业发展现状及趋势分析"的字符格式为"黑体、小二、加粗"，字体颜色为"深红"，对齐方式为"居中对齐"，文字间距为"加宽 2 磅"，段后间距为"1 行"；为标题段文字添加蓝色双波浪下画线，并设置文字阴影效果为"外部-向右偏移"。

（3）设置正文各段落的特殊格式为"首行缩进"，度量值为"2 字符"，行距为"1.25 倍行距"，字体为"微软雅黑"；设置表头文字"表 1：中国电子商务交易规模"字号为"四号"，对齐方式为"居中对齐"，段后间距为"0.5 行"。

（4）将文中最后 8 行文字转换为 8 行 3 列的表格，设置表格中第 1 行和第 1 列的单元格内容对齐方式为"水平居中"，其余单元格内容对齐方式为"中部右对齐"；设置表格第 1 列的列宽为"3 厘米"，第 2、3 列的列宽为"5 厘米"，所有行的行高均为"0.8 厘米"；设置表格单元格的左边距为"0.1 厘米"，右边距为"0.2 厘米"。

（5）设置表格对齐方式为"居中对齐"；设置表格的外框线为"蓝色、1.5 磅、单实线"，内框线为"蓝色、0.5 磅、单实线"。

25. 电子表格处理题。

打开"综合测试卷三"文件夹中的"ET.et"素材文档,按以下要求完成操作并保存。

(1)将"班级课程成绩"工作表的 A1:J1 单元格区域合并为一个单元格,单元格内文字的对齐方式设置为"居中对齐";利用填充柄将"学号"列填充完整;利用公式或函数计算"平均成绩"列的内容,保留 2 位小数;设置 A1:J40 单元格区域显示"所有框线",设置单元格内容对齐方式为"水平居中"。

(2)利用"学号"列和"平均成绩"列的内容建立"面积图","学号"列作为横坐标,图表无标题,图例在顶部显示,设置"面积图"的线条宽度为"1磅",线条类型为"实线",颜色为"矢车菊蓝,着色 1,深色 25%",设置"面积图"的填充颜色为"巧克力黄,着色 2,浅色 40%";将图表移动到当前工作表的 A42:K60 单元格区域内。

(3)选择"班级课程学分"工作表,利用填充柄将表中的"学号"列填充完整;利用公式或函数计算每个学生每门课程"学分"列的内容,条件是该门课程的成绩大于或等于 60 分才可以得到相应的学分,否则学分为 0(每门课程的学分请参考"课程对应学分"工作表)。

(4)计算"班级课程学分"工作表"总学分"列的内容。利用函数计算"学期评价"列的内容,条件是总学分大于或等于 14 分的学生评价是"合格",总学分小于 14 分的学生评价是"不合格"。

26. 演示文稿处理题。

打开"综合测试卷三"文件夹中的"WPP.pptx"素材文档,按以下要求完成操作并保存。

(1)为整个演示文稿应用"综合测试卷三"文件夹中的"plan.pptx"模板文档。

(2)第 1 张幻灯片的版式设置为"标题幻灯片";主标题设置为"秋季养生保健",副标题设置为"社区卫生服务中心",副标题字符格式设置为"黑体、28"。

(3)第 2 张幻灯片内容栏文字字号设置为"24",内容栏文本框的高度和宽度分别设置为"11 厘米"和"30 厘米",文本框的填充颜色为"巧克力黄,着色 1,浅色 40%",形状效果为"柔化边缘 25 磅"。

(4)第 3 张幻灯片的版式设置为"两栏内容"。将"综合测试卷三"文件夹中的"图片1.jpg"图片文件插入第 3 张幻灯片右侧的内容栏,将图片按照椭圆形状进行裁剪,图片效果为"发光-发光变体-巧克力黄,8pt 发光,着色 1";左侧文本添加"进入-华丽型-字幕式"动画,右侧图片添加"强调-基本型-陀螺旋"动画,速度为"快速",数量为"720°逆时针"。

(5)在第 4 张幻灯片内容栏插入 7 行 2 列表格,设置一个合适的表格样式,第 1 列的列宽为"3 厘米",第 2 列的列宽为"26 厘米"。第 1 行的第 1、2 列内容依次为"鱼名"和"功效",参考"综合测试卷三"文件夹中"SC.docx"文档的内容,按鲫鱼、带鱼、青鱼、鲤鱼、草鱼、泥鳅的顺序从上到下将适当内容填入表格其余 6 行,并将表格内文字对齐方式全部设置为"水平及垂直居中对齐"。

（6）第 7 张幻灯片的版式设置为"空白"，插入预设样式为"填充-海洋绿，着色 5，轮廓-背景 1，清晰阴影-着色 5"的艺术字"祝身体安康"，艺术字形状效果设置为"阴影-透视-靠下"；为艺术字添加"进入-温和型-回旋"动画；将该张幻灯片的背景设置为"金山"纹理填充。

（7）设置幻灯片放映类型为"展台自动循环放映（全屏幕）"；幻灯片的切换方式为"抽出"，效果选项为"从右下"。

27．Python 程序设计题。

（1）打开"ks1.py"文件，完善代码实现功能：求 1～100 能被 3 整除的数的个数。将文件中提供的程序代码补充完整。

（2）打开"ks2.py"文件，在 Python 代码编辑器中的指定位置修改完善程序代码，获得用户输入一个整数 n，求 $1×1/2×1/3……×1/n$ 的值。将文件中提供的程序代码补充完整。

综合测试卷（四）

一、单项选择题（20 分）

1．下列选项中，不属于搜索引擎的是（　　）。

　　A．百度　　　　　　　　B．天猫
　　C．谷歌　　　　　　　　D．必应

2．下列行为中，会危害网络安全的是（　　）。

　　A．安装杀毒软件和防火墙
　　B．转发带有木马的电子邮件
　　C．访问各大门户网站
　　D．对计算机进行全盘杀毒

3．在计算机网络中，防火墙的作用是（　　）。

　　A．查杀计算机病毒　　　　B．将内部网络和外部网络隔离
　　C．防火防雷　　　　　　　D．抗电磁干扰

4．程序设计语言发展历程中第 1 代是（　　）。

　　A．机器语言　　　　　　　B．汇编语言
　　C．高级语言　　　　　　　D．非过程化语言

5．在有线传输介质中，不属于光纤特点的是（　　）。

　　A．传输速度快　　　　　　B．传输距离较短

C．稳定性好 D．抗干扰能力强

6．多媒体元素除文本、图形、图像、动画外，还包括（　　）。

A．光盘和U盘 B．色彩和形状

C．声音和视频 D．歌曲和电影

7．下列文件中，属于视频文件的是（　　）。

A．花园.mp4 B．花园.jpg

C．花园.pdf D．花园.wma

8．下列软件中，可以对图像进行处理的有（　　）。

① 美图秀秀　② Photoshop　③ ACDSee　④ GoldWave

A．②③④ B．①③④

C．①②③ D．①②④

9．学生在家上网课，这属于网络应用中的（　　）。

A．电子商务应用

B．电子政务应用

C．远程医疗应用

D．网络教育应用

10．按"Alt+PrintScreen"组合键可以（　　）。

A．截取当前窗口的图像

B．抓取当前窗口的动态操作

C．截取整个屏幕的图像

D．抓取整个屏幕的动态操作

11．遍布城市各处的监控摄像头主要用来采集（　　）。

A．视频信息 B．图像信息

C．音频信息 D．文本信息

12．第一代电子计算机采用的逻辑元件是（　　）。

A．大规模和超大规模集成电路 B．中小规模集成电路

C．晶体管 D．电子管

13．下列软件中，不属于应用软件的是（　　）。

A．Windows B．Word

C．微信 D．360杀毒

14．利用计算机软件对自己的照片进行美化，这属于计算机应用中的（　　）。

A．人工智能 B．辅助设计

C．图像美化　　　　　　　　D．图像处理

15．世界上第一台电子计算机 ENIAC 研制成功的时间是（　　）。

　　A．1957 年　　　　　　　　B．1964 年

　　C．1946 年　　　　　　　　D．1947 年

16．增强现实技术的英文简称为（　　）。

　　A．AR　　　　　　　　　　B．VR

　　C．HR　　　　　　　　　　D．MR

17．下列选项中，不是用来表示计算机存储容量单位的是（　　）。

　　A．MB　　　　　　　　　　B．KB

　　C．GHz　　　　　　　　　 D．B

18．CPU 可以直接存取数据的存储器是（　　）。

　　A．硬盘　　　　　　　　　　B．光盘

　　C．内存　　　　　　　　　　D．U 盘

19．小明从网上下载了一部电影，该电影的大小约 2GB，这等于（　　）。

　　A．2×1024 MB　　　　　　　B．2×1024×1024 MB

　　C．2×1024 B　　　　　　　 D．2×1024×8 B

20．显示器的分辨率决定了显示器的（　　）。

　　A．色彩丰富程序　　　　　　B．亮度和对比度

　　C．尺寸　　　　　　　　　　D．清晰度

二、综合题（80 分）

21．文字录入题。

　　北国的槐树，也是一种能使人联想起秋来的点缀。像花而又不是花的那一种落蕊，早晨起来，会铺得满地。脚踏上去，声音也没有，气味也没有，只能感出一点点极微细极柔软的触觉。扫街的在树影下一阵扫后，灰土上留下来的一条条扫帚的丝纹，看起来既觉得细腻，又觉得清闲，潜意识下并且还觉得有点儿落寞，古人所说的梧桐一叶而天下知秋的遥想，大约也就在这些深沉的地方。

22．文件基础操作题。

（1）在"综合测试卷四\GPOP\PUT"文件夹中新建一个名为"HUX"的文件夹。

（2）将"综合测试卷四\MICRO"文件夹中的"XSAK.bas"文件删除。

（3）将"综合测试卷四\COOK\FEW"文件夹中的"ARAD.wps"文件复制到"综合测试卷四\ZUME"文件夹中。

（4）将"综合测试卷四\ZOOM"文件夹中的"MACRO.old"文件设置成"隐藏"属性。

（5）将"综合测试卷四\BEI"文件夹中的"SOFT.bas"文件重命名为"BUAA.bas"。

23．网络应用题。

在浏览器中完成如下设置。

（1）将主页设置为"http://www.baidu.com"。

（2）在浏览网页时不播放动画和声音。

24．文字处理题。

打开"综合测试卷四"文件夹中的"WPS.docx"素材文档，按以下要求完成操作并保存。

（1）将文中所有"图画"替换为"图书"；设置标题段文字"3G时代最IN的阅读方式：移动手机阅读"的字符格式为"黑体、小三、倾斜"，颜色为"蓝色"，对齐方式为"居中对齐"，并添加突出显示为"黄色"。

（2）设置正文文字"近年来，随着移动互联网……读者提供一片乐土。"的字符格式为"楷体、小四"；各段落文本前、后均缩进"0.5字符"，特殊格式为"首行缩进"，度量值为"2字符"，行距为"1.5倍行距"，段前、段后间距均为"0.5行"。

（3）设置正文第一段的首字下沉，字体为"幼圆"，下沉行数为"3"，距正文"5毫米"；将正文第三段"除最基本的阅读功能外，……提供一片乐土。"分为等宽两栏，宽度设置为"18字符"，栏间加分隔线。

（4）给文章添加页眉，内容为"3G时代最IN的阅读方式"，并将页眉的字符格式设置为"五号、隶书"，对齐方式为"居中对齐"。

（5）将文中最后的8行文字转换为一个8行3列的表格"最受关注的3G手机……1899"；设置表格列宽为"4厘米"，行高为"30磅"。

（6）将表格第1行合并为一个单元格；将表格中第1行、第2行及第1列的所有单元格的内容设置为"水平居中、垂直居中"，其余各行、各列单元格内容均设置为"靠上居中对齐"；设置表格整体对齐方式为"居中对齐"。

25．电子表格处理题。

打开"综合测试卷四"文件夹中的"book.et"素材文档，按以下要求完成操作并保存。

（1）将"Sheet1"工作表的A1:I1单元格区域合并居中；计算每人的"总分"和"平均分"；按照总分从高到低统计每人的"名次"（利用RANK函数）。

（2）设置A2:I24单元格区域的内容水平、垂直对齐方式均为"居中对齐"，A:I列的列宽为"2厘米"；将工作表命名为"期中考试成绩表"。

（3）设置H3:H24单元格区域的单元格数字格式为"数值"，保留2位小数；设置A1:I24单元格区域的外框线为"双细线"，内框线为"单细线"，底纹填充为"浅蓝"。

（4）选取"姓名"列（B2:B24）和"数据库"列（E2:E24）的单元格内容，建立"簇状柱形图"，图表标题为"数据库成绩统计图"，不显示图例，移动并适当调整图表大小并将其显示在 A26:I42 单元格区域。

26．演示文稿处理题。

打开"综合测试卷四"文件夹中的"ys.pptx"素材文档，按以下要求完成操作并保存。

（1）为整个演示文稿应用一种适当的设计模板。

（2）将第 1 张幻灯片文本的动画效果自定义为"进入-向内溶解"；将第 2 张幻灯片版式修改为"竖排标题与文本"；在演示文稿的开始处插入一张幻灯片，版式设置为"标题幻灯片"，作为文稿的第 1 张幻灯片，输入标题文字"诺贝尔文学奖获得者——莫言"，设置字符格式为"仿宋、54、加粗"。

（3）将"综合测试卷四"文件夹中的"诺贝尔颁奖 1.png"图片插入到第 4 张幻灯片中，设置图片高度为"6.5 厘米"并勾选"锁定纵横比"复选框，图片位置为"相对于左上角水平位置 19 厘米、相对于左上角垂直位置 3 厘米"。

（4）将所有幻灯片的切换效果均设置为"向下擦除"。

27．Python 程序设计题。

打开"ks1.py"文件，设置程序功能为：输出红色五角星。将文件中提供的程序代码补充完整。

综合测试卷（五）

一、单项选择题（共 20 分）

1．信息系统的组成主要包括（　　）。

① 计算机软件和硬件　② 网络系统　③ 信息用户　④ 信息资源

　　A．①②③　　　　　　　　　B．①②④

　　C．②③④　　　　　　　　　D．①②③④

2．数据预处理指的是（　　）。

　　A．数据清洗　　　　　　　　B．数据存储

　　C．数据挖掘　　　　　　　　D．数据采集

3．宇航员使用飞行模拟系统进行驾驶训练，体现了信息技术朝着（　　）方向发展。

　　A．多媒体化　　　　　　　　B．智能化

　　C．虚拟化　　　　　　　　　D．网络化

4．某同学通过输入"nihao"字母，输入"你好"两个汉字，则编码"nihao"属于（　　）。

　　A．汉字输入码　　　　　　　B．汉字字形码

C．汉字机内码　　　　　　　　D．汉字国标码

5．通常将为运行、管理和维护计算机而编制的各种程序、数据和文档总称为（　　）。

　　A．计算机系统　　　　　　　B．操作系统

　　C．硬件系统　　　　　　　　D．软件系统

6．负责将域名解析为IP地址的是（　　）。

　　A．Modem　　　　　　　　　B．HTTP

　　C．DNS　　　　　　　　　　D．HTML

7．二进制数1011与十进制数2相加的结果是（　　）。

　　A．（1100）$_2$　　　　　　　B．（1111）$_2$

　　C．（1101）$_2$　　　　　　　D．（1110）$_2$

8．下列选项中，存储容量最大的是（　　）。

　　A．1TB　　　　　　　　　　B．1KB

　　C．1MB　　　　　　　　　　D．1GB

9．下列对信息社会特征的叙述中，错误的是（　　）。

　　A．信息社会是以信息活动为基础的社会

　　B．信息社会完全取代传统工业和农业生产

　　C．信息社会是网络化、数字化的社会

　　D．信息经济、知识经济成为信息社会的主要经济

10．下列关于预防计算机病毒的说法中，错误的是（　　）。

　　A．开启杀毒软件的实时监控功能

　　B．打开邮件附件之前先查杀病毒

　　C．使用外来磁盘之前先查杀病毒

　　D．不要把正常的计算机与带有病毒的计算机放在一起

11．若要在计算机中输入"我是好学生"，以下可实现的设备是（　　）。

　　A．绘图仪　　　　　　　　　B．投影仪

　　C．音箱　　　　　　　　　　D．手写板

12．英文缩写"AI"代表（　　）。

　　A．增强现实　　　　　　　　B．人工智能

　　C．信息社会　　　　　　　　D．信息技术

13．下列对电子邮件收件箱的描述中，错误的是（　　）。

　　A．收件箱中的邮件不可以删除

　　B．存储的是接收的邮件

C. 存储邮件数量有限

D. 收件箱中的邮件可以回复或转发

14. 下列选项中，属于浏览器的是（   ）。

    A. IE8.0   B. ACDSee

    C. Outlook   D. Photoshop

15. 物联网连接的是信息世界和（   ）。

    A. 虚拟世界   B. 物理世界

    C. 三维世界   D. 现实世界

16. 下列行为中，不会导致数据安全问题的是（   ）。

    A. 伪造数据   B. 篡改数据

    C. 键盘输入数据   D. 泄露数据

17. 在WPS表格的工作表中，将D1单元格的公式"=B1*C1"复制到D2单元格，将得到公式（   ）。

    A. =B1*C1   B. =B2*C2

    C. =B1+C1   D. =C1+C2

18. IPv6的出现可以解决（   ）问题。

    A. IPv4地址短缺

    B. 5G网络的需求

    C. 动态分配IP地址

    D. 操作系统的需求

19. 下列选项中，属于整型常量的是（   ）。

    A. 3.14   B. 一千零二

    C. "1998"   D. 2020

20. 在Python中，用于获取用户输入数据的函数是（   ）。

    A. input()   B. read()

    C. get()   D. rec()

二、综合题（80分）

21. 文字录入题。

绿色消费不仅是"买买买"，更是优化产业结构、牵引生产生活方式转变的重要力量。要从培养消费者的思想观念入手，采取多种措施激发全社会生产和消费绿色低碳产品的内生动力。

22．文件基础操作题。

（1）在"综合测试卷五\13"文件夹下分别创建名为"机械"和"电子"的两个文件夹。

（2）将"综合测试卷五\13\ppxio"文件夹下的"win"文件夹复制到"综合测试卷五\13\winxp"文件夹下。

（3）删除"综合测试卷五\13\fjshr"文件夹中的"zjzxwj.txt"文件。

（4）取消"综合测试卷五\13\cnken"文件夹中"ps.psd"文件的"只读"属性。

（5）将"综合测试卷五\13"文件夹中的"rjlp.psd"文件重命名为"rjopc.psd"。

（6）将"综合测试卷五\13"文件夹中的"opp.bmp"和"zhong.jn"文件移动到"wan"文件夹中。

（7）将"综合测试卷五\13"文件夹中的"sxgzs.xlsx"和"pptks.pptx"文件压缩为"spoc.rar"文件保存到"综合测试卷五\13"文件夹中。

23．网络应用题。

使用账号"asdf123x2022"（密码为"Asdf123x2022x"），登录163网页邮箱，编辑并发送电子邮件。

收信人：fjks02@sina.com。

主题：python编程。

附件："综合测试卷五\web"文件夹中的"python.txt"文件。

内容：您好！将Python教程发送给您，请查收！

24．文字处理题。

打开"综合测试卷五\文字处理"文件夹中的"wd3.wps"素材文档，按以下要求完成操作并保存。

（1）设置页面纸张大小为"A4"，页边距为"上、下、左、右各25毫米"。

（2）设置第一行标题字体为"华文新魏"，字号为"三号"，字形为"加粗"，对齐方式为"居中对齐"。

（3）设置正文各段特殊格式为"首行缩进"，度量值为"2字符"，文本前后各缩进"2字符"。

（4）设置正文各段的行距为"1.5倍行距"。

（5）为正文第2、3、4段添加项目符号

（6）将正文第2、3、4段分为等宽的两栏，设置栏间距为"2字符"，栏间添加分隔线。

（7）为正文倒数第2段添加外框线，线型为"波浪线"，应用于段落。

（8）在文档末尾插入一个3行4列的表格，设置表格的行高为"0.8厘米"，列宽为"3.5厘米"。

（9）为表格添加边框，设置外边框线为"红色、双实线"，内边框线为"蓝色、单实线"，表格的对齐方式为"居中对齐"。

25．电子表格处理题。

打开"综合测试卷五\数据处理"文件夹中的"ex3.et"素材文档，按要求完成以下操作并保存。

（1）将 A1:E1 单元格区域合并居中，设置字体为"隶书"，字号为"20"。

（2）将 A2:E2 单元格区域的单元格格式设置为"自动换行"。

（3）根据 A3 单元格的内容，完成 A4:A12 单元格区域的自动填充。

（4）在 D3:D12 单元格区域中，利用公式分别计算"百千米油耗"。百千米油耗=耗油量（升）÷行驶距离（千米）×100，保留 1 位小数。

（5）为 A2:E12 单元格区域添加边框，设置内边框线为"单实线"，外边框线为"双实线"。

（6）在表格中插入图表，数据区域为 A2:A12 和 D2:D12，设置图表类型为"簇状条形图"，图表标题为"油耗测试情况图"。

（7）复制"Sheet1"工作表，放在当前工作表的右侧。

26．演示文稿处理题。

打开"综合测试卷五\数字媒体"文件夹中的"ppt3.dps"素材文档，按以下要求完成操作并保存。

（1）将第 1 张幻灯片中标题的动画效果设置为"退出-温和型-收缩并旋转"。

（2）为第 2 张幻灯片中的文本"创意设计示例"创建超链接到"4．创意设计示例"。

（3）在第 2 张幻灯片中，将 3 张图片组合在一起。

（4）将第 3 张幻灯片中"黑色矩形框"的线条设置为"无线条"，纯色填充的透明度设置为"50%"。

（5）在第 4 张幻灯片中插入"综合测试卷五\数字媒体"文件夹中的"pic.jpg"图片，将该图片位置设置为"相对于左上角水平位置 4.56 厘米、相对于左上角垂直位置 6.55 厘米"。

（6）设置幻灯片的切换效果为"溶解"，换片方式为"自动换片（每隔 1.5 秒）"，应用于所有幻灯片。

27．Python 程序设计题。

（1）程序填空。

以下程序的功能是：输入一个表示星期几的数字，若输入的数字不在范围（1～7）内，则输出"输入错误！"，否则输出对应的星期（用英文简称表示，如 Mon、Tue、Wed、Thu、Fri、Sat、Sun）。请在程序中的横线上填入适当的内容，将程序补充完整。

```
N=int(input("请输入一个数："))
List=["Mon","Tue" Wed","Thu","Fri" ,"Sat","Sun']
if _____:
    print("输入错误！")
else:
    print(_____)
```

打开"综合测试卷五\py\3_1.py"文件，在横线上将程序补充完整，并验证程序的运行结果是否正确，操作完成后保存程序（注意：不能增加、删除语句或改变程序原有结构）。

（2）程序改错。

以下程序的功能是：输入一个正整数 n（1～100），输出它的约数个数。请修改程序中横线上的代码。

```
s=0
n=int(input("请输入一个正整数："))
if n<1 and n>100:exit    #输入的数不符合要求，退出
for i in range(1,n+1):
    if n//i=0:
        s=s+1
print("约数的个数是：",s)
```

打开"综合测试卷五\py\3_2.py"文件，修改横线上的代码，并验证程序的运行结果是否正确，操作完成后保存程序（注意：不能增加、删除语句或改变程序原有结构）。

综合测试卷（六）

一、单项选择题（20分）

1. 下列事例中，发生在第四次信息技术革命时期的是（　　）。

　　A．文字的发明　　　　　　　B．电视的发明

　　C．指南针的发明　　　　　　D．计算机的发明

2. 以下可以作为CPU主频单位的是（　　）。

　　A．bit/s　　　　　　　　　　B．GHz

　　C．GB　　　　　　　　　　　D．MIPS

3. 投影仪属于多媒体技术的（　　）。

　　A．编辑设备　　　　　　　　B．输入设备

　　C．输出设备　　　　　　　　D．采集设备

4. 某同学在科技馆体验了攀登珠穆朗玛峰的过程，这种体验方式主要应用的是（　　）。

　　A．点对点技术　　　　　　　　B．超媒体技术

　　C．图像压缩技术　　　　　　　D．虚拟现实技术

5. 将当前窗口截取为图片，可以使用的键盘按键是（　　）。

　　A．Alt+Print Screen　　　　　　B．Print Screen

　　C．Shift+Print Screen　　　　　D．Ctrl+Print Screen

6. 下列选项中，属于应用软件的是（　　）。

　　A．语言处理程序　　　　　　　B．数据库管理系统

　　C．图像处理软件　　　　　　　D．操作系统

7. 下列行为中，可能感染计算机病毒的是（　　）。

　　A．操作键盘　　　　　　　　　B．意外断电

　　C．使用U盘　　　　　　　　　D．频繁开关机

8. 公司财务部门想制作图表来表示各项支出所占的比例，他们应该制作的是（　　）。

　　A．柱形图　　　　　　　　　　B．折线图

　　C．条形图　　　　　　　　　　D．饼图

9. 下列选项中，不能采集图像的是（　　）。

　　A．截图　　　　　　　　　　　B．扫描

　　C．录音　　　　　　　　　　　D．下载

10. 人脸识别属于人工智能技术应用中的（　　）。

　　A．自然语言理解　　　　　　　B．模式识别

　　C．专家系统　　　　　　　　　D．计算机博弈

11. 信息技术给人类社会发展带来消极影响的是（　　）。

　　A．推动社会的信息化进程

　　B．提高人们的工作效率和生活质量

　　C．促进科学技术的快速速发展

　　D．信息依赖症影响人们的身心健康

12. 利用网络学习，学生可以根据自己的特点自行安排学习进度，从互联网上选择自己需要的资源，按照适合自己方式进行学习。这体现了数字化学习的（　　）。

　　A．创造性特点　　　　　　　　B．个性化特点

　　C．合作性特点　　　　　　　　D．情境化特点

13. 下列选项中，不属于人工智能技术应用的是（　　）。

　　A．人工控制　　　　　　　　　B．无人驾驶

C. 扫地机器人 D. 机器视觉

14. 下列选项中，不是视频文件格式的是（ ）。

　　A. rmvb B. mov

　　C. avi D. pptx

15. 下列选项中，不属于网络通信连接设备的是（ ）。

　　A. 路由器 B. 交换机

　　C. 读卡器 D. 网卡

16. 下列行为中，不会危害信息系统安全的是（ ）。

　　A. 浏览新浪网站 B. 删除系统文件

　　C. 破坏防火墙 D. 发布木马程序

17. 下列关于 ASCII 码的说法中，错误的是（ ）。

　　A. 一个字符的 ASCII 码占用 1 个字节

　　B. 8 位 ASCII 码的最高位总是 0

　　C. ASCII 码只能用二进制数表示

　　D. 大写字母的 ASCII 码小于小写字母的 ASCII 码

18. 在 E-mail 地址中，用户名与主机域名的分隔符是（ ）。

　　A. # B. @

　　C. & D. S

19. 已知 a=6，b=7，以下表达式的值为 True 的是（ ）。

　　A. b<=a B. b!=a

　　C. a==b D. a>b

20. 硬盘由于内部有机械结构，所以在工作时最怕（ ）。

　　A. 光照 B. 震动

　　C. 潮湿 D. 噪声

二、综合题（80 分）

21. 文字录入题。

有平台调研了北京、深圳、上海和杭州等 12 个城市二手房交易数据后发现，单身女性购房者比例逐年增加。2018 年，女性购房者比例整体达到近七年最高值（46.7%），比四年前上涨了 16% 以上，即将追平男性购房者。

22. 文件基础操作题。

（1）在"综合测试卷六\11"文件夹下分别创建名为"普高"和"中职"的两个文件夹。

（2）将"综合测试卷六\11"文件夹中的"Iy.jnt"文件重命名为"lymp.jnt"。

（3）删除"综合测试卷六1\11"文件夹下的"xxjs"文件夹。

（4）将"综合测试卷六\11"文件夹中的"etp.psd"文件设置为"只读"属性。

（5）将"综合测试卷六\11"文件夹中的"sm.jnt"文件复制到"综合测试卷六\11\中职"文件夹中。

（6）将"综合测试卷六\11"文件夹中的"rfd.docx"和"wps.xlsx"文件移动到"综合测试卷六\11\普高"文件夹中。

（7）将"综合测试卷六\11"文件夹下的"编辑"文件夹压缩为"资料.rar"文件保存到"综合测试卷六\11"文件夹中。

23．网络应用题。

在浏览器中进行如下设置。

（1）将主页设置为："http://www.baidu.com"。

（2）将网页在历史纪录中保存7天。

（3）将安全级别等级设置为"高"。

24．文字处理题。

打开"综合测试卷六\文字处理"文件夹中的"wd1.wps"素材文档，按以下要求完成操作并保存。

（1）设置第1行标题文字的字体为"隶书"，字号为"小一"，字形为"加粗"。

（2）设置第1行标题文字的对齐方式为"居中对齐"。

（3）设置正文各段特殊格式为"首行缩进"，度量值为"2字符"。

（4）设置正文各段的行距为"固定值"，值为"20磅"。

（5）为正文最后一段双引号中的文字填充黄色底纹，并添加着重号。

（6）在文档中插入"exam\文字处理\01.png"图片，设置文字环绕方式为"四周型"，图片缩放为原图的"70%"。

（7）在文档末尾插入一个3行4列的表格。

（8）设置表格样式为"浅色样式2-强调3"，单元格对齐方式为"水平居中"。

（9）插入内容为"感悟"的页眉，并设置对齐方式为"居中对齐"。

25．电子表格处理题。

打开"综合测试卷六\数据处理"文件夹中的"ex1.et"素材文档，按以下要求完成操作并保存。

（1）将A1:H1单元格区域合并居中，设置字体为"黑体"，字号为"16"，字形为"加粗"，颜色为"蓝色"，单元格填充颜色为"黄色"。

（2）将F2单元格的单元格格式设置为"自动换行"。

（3）在 G3:G29 和 H3:H129 单元格区域中，利用函数分别计算所有人的总分和平均分，其中平均分保留 1 位小数。

（4）对 A2:H29 单元格区域按主要关键字"平均分"，排列次序"降序"的方式进行排序。

（5）利用条件格式下的"突出显示单元格规则"，将 B3:F29 单元格区域中分数小于 60 的单元格格式设置为"加粗、红色"。

（6）为 A2:H29 单元区域套用表格样式"表样式浅色 11"，勾选"表包含标题"和"筛选按钮"复选框。

（7）利用自动"筛选"功能，筛选出平均分小于 60 的数据。

（8）复制"Sheet1"工作表，并移至最右侧。

26．演示文稿处理题。

打开"综合测试卷六\数字媒体"文件夹中的"ppt1.dps"素材文档，按以下要求完成操作并保存。

（1）为幻灯片设置背景格式为"图片或纹理填充"，纹理填充的预设图片为"横格纸纹"，全部应用。

（2）在第 1 张幻灯片中插入"综合测试卷六\数字媒体"文件夹中的"pic.jpg"图片，锁定纵横比，设置缩放高度为"75%"。

（3）将第 2 张幻灯片中图片的进入动画效果设置为"进入-细微型-展开"，在上一个动画之后播放。

（4）将第 4 张幻灯片的切换效果设置为"百叶窗"，换片方式为每隔 2 秒，应用于所有幻灯片。

（5）将第 3 张幻灯片的版式修改为"母版版式"列表中第 4 行第 2 列的版式。

（6）为第 5 张幻灯片中右下角的动作按钮创建超链接到"第 1 张幻灯片"。

27．Python 程序设计题。

（1）程序填空。

以下程序的功能是：用户输入一个三位的自然数，计算并输出其百位、十位和个位上数字的和。请在程序中的横线上填入适当的内容，将程序补充完整。

```
x=int(iput("请输入一个三位数："))
a=_____        #求百位上的数字
b=x//10%10      #求十位上的数字
c=_____        #求个位上的数字
sum=a+b+c
print("百位、十位和个位上数字的和是：",sum)
```

打开"综合测试卷六\py\1_1.py"文件，在横线上将程序补充完整，并验证程序的运行结果是否正确，操作完成后保存程序（注意：不能增加、删除语句或改变程序原有结构）。

（2）程序改错。

以下程序的功能是：输入两个自然数 m 和 n (m<n)，统计[m, n]之间所有能被 3 整除的数的个数。请修改程序中横线上的代码。

```
m=int(input("请输入第一个数："))
n=int(input("请输入第二个数："))
s=0
for i in range(m+n):
    if i%3==0:
print("3的倍数的个数是：",s)
```

打开"综合测试卷六\py\1_2.py"文件，修改横线上的代码，并验证程序的运行结果是否正确，操作完成后保存程序（注意：不能增加、删除语句或改变程序原有结构）。

综合测试卷（七）

一、单项选择题（20 分）

1. 域名 ABC.XYZ.COM.CN 中主机名是（　　）。

　　A．ABC　　　　　　　　B．XYZ
　　C．COM　　　　　　　　D．CN

2. 下列各选项中，不属于互联网应用的是（　　）。

　　A．新闻组　　　　　　　B．远程登录
　　C．网络协议　　　　　　D．搜索引擎

3. 计算机网络中常用的传输介质中传输速率最快的是（　　）。

　　A．双绞线　　　　　　　B．光纤
　　C．同轴电缆　　　　　　D．电话线

4. 计算机网络中常用的有线传输介质有（　　）。

　　A．双绞线、红外线、同轴电缆
　　B．激光、光纤、同轴电缆
　　C．双绞线、光纤、同轴电缆
　　D．光纤、同轴电缆、微波

5. 互联网实现了分布在世界各地的各类网络的互联，其最基础和核心的协议是（　　）。

　　A．HTTP 协议　　　　　　B．TCP/IP 协议
　　C．HTML 协议　　　　　　D．FTP 协议

6. 假设邮件服务器的地址是 email.bj163.com，则用户正确的电子邮箱地址的格式是（　　）。

  A．用户名#email.bj163.com B．用户名@email.bj163.com

  C．用户名 email.bj163.com D．用户名$email.bj163.com

7. 能保存网页地址的文件夹是（　　）。

  A．收件箱 B．公文包

  C．我的文档 D．收藏夹

8. 在下列字符中，其 ASCII 码值最小的一个是（　　）。

  A．9 B．p

  C．Z D．a

9. Modem 是计算机通过电话线接入互联网时所必需的硬件，它的功能是（　　）。

  A．只将数字信号转换为模拟信号

  B．只将模拟信号转换为数字信号

  C．为了在上网的同时能打电话

  D．将模拟信号和数字信号互相转换

10. 计算机网络的主要目标是实现（　　）。

  A．数据处理和网络游戏 B．文献检索和网上聊天

  C．快速通信和资源共享 D．共享文件和收发邮件

11. 新一代信息技术（即第三代信息技术）的核心技术包括（　　）。

  ① 物联网 ② 移动互联网 ③ 云计算和大数据 ④ 人工智能

  A．①②③④ B．①③④

  C．①②③ D．②③④

12. 计算机技术中，下列的英文缩写和中文名字的对照中，正确的是（　　）。

  A．CAD——计算机辅助制造

  B．CAM——计算机辅助教育

  C．CIMS——计算机集成制造系统

  D．CAI——计算机辅助设计

13. 下列选项中，不属于信息技术给人类社会带来积极影响的是（　　）。

  A．推动科技进步，加速产业变革

  B．促进社会发展，创造新的人类文明

  C．借助技术的力量，提高社会劳动生产率

  D．信息泛滥，花费大量时间却找不到有用的信息

14. 利用钉钉直播授课，对应了信息技术在（　　）方面的应用。

　　A．电子商务　　　　　　　　B．教育

　　C．机器学习　　　　　　　　D．自动控制

15. 计算机操作系统通常具有的五大功能是（　　）。

　　A．CPU 管理、显示器管理、键盘管理、打印机管理和鼠标管理

　　B．硬盘管理、软盘驱动器管理、CPU 管理、显示器管理和键盘管理

　　C．CPU 管理、存储管理、文件管理、设备管理和作业管理

　　D．启动、打印、显示、文件存取和关机

16. 下列选项中，不属于"计算机安全设置"的是（　　）。

　　A．不下载来路不明的软件及程序

　　B．定期备份重要数据

　　C．停掉 Guest 账号

　　D．安装杀（防）毒软件

17. 计算机的系统总线是计算机各部件间传递信息的公共通道，它分为（　　）。

　　A．数据总线和控制总线　　　　B．数据总线、控制总线和地址总线

　　C．地址总线和数据总线　　　　D．地址总线和控制总线

18. 能够利用无线移动网络的是（　　）。

　　A．部分具有上网功能的手机

　　B．内置无线网卡的笔记本电脑

　　C．部分具有上网功能的平板电脑

　　D．以上全部

19. 调制解调器的主要功能是（　　）。

　　A．模拟信号的放大　　　　　　B．数字信号的编码

　　C．数字信号的放大　　　　　　D．模拟信号与数字信号之间的相互转换

20. 接入互联网的每台主机都有一个唯一可识别的地址，称为（　　）。

　　A．TCP 地址　　　　　　　　　B．IP 地址

　　C．URL 地址　　　　　　　　　D．TCP/IP 地址

二、综合题（80 分）

21. 文字录入题。

近年来，从文物斗图大赛到文物雪糕打卡，文创产品走俏市场，传统文化的热度持续攀升，电视台端午节特别节目"水下飞天洛神"舞蹈圈粉无数，精美绝伦的水下舞蹈令人惊艳，衣袂飘飘间，"翩若惊鸿，婉若游龙"的"洛神"形象穿越千年，跃然眼前。正是出神入化的

创意，增添光彩的科技，泛黄的故纸堆里，博物馆展示柜中沉淀的历史记忆，演绎为可感可知的时代风采。

22．文件基础操作题。

打开"综合测试卷七\文件管理"文件夹，按以下要求完成操作。

（1）将"WANG"文件夹中的"RAGE.com"文件复制到"综合测试卷七\ADZK"文件夹中，并将文件重命名为"SHAN.com"。

（2）在"WUE"文件夹中创建名为"STUDENT.txt"的文件，并设置属性为"只读"。

（3）为"XIUGAI"文件夹中的 ANEWS.exe 文件建立名为"KANEWS"的快捷方式，并存放在"综合测试卷七"文件夹中。

（4）搜索"AUTXIAN.bat"文件，并将其删除。

（5）在"LUKY"文件夹下建立一个名为"GUANG"的文件夹。

（6）将"WUE"文件夹压缩为"计算机.rar"文件，保存在"综合测试卷七"文件夹中。

23．网络应用题。

（1）在浏览器中打开"http://www.baidu.com"，将网页网址添加到收藏夹中，命名为"百度"，并设置"关闭浏览器时清空临时文件"。

（2）使用账号"lilei@sina.com"（密码为"fjxk189"），登录新浪邮箱，给同学刘亮（liuliang@sina.com）发送一封电子邮件。邮件主题为"成绩"，内容为"期中成绩，请查收！"，并将"综合测试卷七\网络应用"文件夹中的"期中成绩.xlsx"文件作为附件一起发送。

24．文字处理题。

打开"综合测试卷七\文字处理"文件夹中的"三坊七巷.wps"素材文档，按以下要求完成操作并保存。

（1）将页面的页边距设置为"上、下、左、右各20毫米"。

（2）插入内容为"福建著名景点"的页眉，靠右对齐；在页脚中间插入页码，设置页码格式为"Ⅰ,Ⅱ,Ⅲ…"，起始编号为"Ⅱ"。

（3）设置标题文字字体为"方正舒体"，字号为"二号"，字符间距为"加宽"，值为"2磅"，对齐方式为"居中对齐"。

（4）设置正文各段特殊格式为"首行缩进"，度量值为"2字符"，段后间距为"1行"，行距为"固定值"，值为"20磅"。

（5）将正文第二段分为等宽的两栏，设置栏间距为"5字符"，并添加分隔线。

（6）给文中所有的"三坊七巷"添加蓝色下画线，线型为"双波浪线"。

（7）在第一段右侧插入"三坊七巷"图片（"综合测试卷七\文字处理"文件夹中），设置图片高度为"5厘米"，锁定纵横比，环绕方式为"四周型环绕"。

(8) 在正文末尾插入一个 4 行 4 列的表格，设置表格外边框为"绿色、双实线"，宽度为"0.75 磅"，并将表格最后 1 行底纹填充为"浅蓝色"，样式为"30%"。

25．电子表格处理题。

打开"综合测试卷七\电子表格"文件夹中的"开支明细表.et"素材文档，按以下要求完成操作并保存。

（1）将"小赵的美好生活"工作表的第 1 行合并居中，并添加表标题"小赵 2022 年开支明细表"，设置字体为"幼圆"，字号为"20"。

（2）设置 A2:M15 单元格区域的行高为"20 磅"，列宽为"10 字符"，水平和垂直方向上均"居中对齐"。

（3）为表格套用"表样式中等深浅 2"表格样式。

（4）通过函数计算每月的总支出、每列的月均支出、每月平均总支出，并将各类支出及总支出对应的单元格数据类型均设置为"货币"类型，无小数、无货币符号。

（5）按"总支出"列对工作表进行升序排序。

（6）利用"条件格式"功能将月单项开支金额中大于 1000 元的数据所在单元格突出显示，样式为"浅红色填充深红色文本"。

（7）复制"小赵的美好生活"工作表，并重命名为"按季度汇总"；删除"月均开销"对应行。

（8）在"按季度汇总"工作表中先按"年月"进行升序排序，然后通过"分类汇总"功能，求出每个季度服装服饰和饮食的月均支出金额。设置分类字段为"季度"，汇总方式为"平均值"，汇总项为"服装服饰"和"饮食"。

26．演示文稿处理题。

打开"综合测试卷七\数字媒体"文件夹中的"科学戴口罩.dps"素材文档，按以下要求完成操作并保存。

（1）复制第 1 张幻灯片将其移至最后，并将标题修改为"Thank you"。

（2）在第 2 张幻灯片的右侧插入"数字媒体"文件夹中的图片"pic.jpg"，设置图片大小为"高度 11.35 厘米、宽度 13.55 厘米"，图片位置为"相对于左上角水平位置 10 厘米、相对于左上角垂直位置 3 厘米"。

（3）设置第 2 张幻灯片中图片的路径动画效果为"八边形"，单击时开始播放。

（4）在第 4 张幻灯片中标题下的文字部分添加"●"项目符号，设置字符格式为"华文楷体、25"。

（5）设置第 4 张幻灯片的切换方式为"页面卷曲"，效果选项为"单左"，并应用于所有幻灯片。

（6）在第 5 张幻灯片的左下角插入动作按钮，并超链接到"第 1 张幻灯片"。

27．Python 程序设计题。

打开"程序设计"文件夹中的"sq.py"文件，程序功能是绘制一个绿色的正方形。文件中提供的程序代码不完整，请将程序代码补充完整，并保存。

综合测试卷（八）

一、单项选择题（20 分）

1．下列选项中，不属于计算机网络安全主要危害的是（　　）。

  A．计算机病毒　　　　　　B．黑客非法入侵

  C．垃圾邮件　　　　　　　D．网络陷阱

2．下列关于 USB 接口的描述中，错误的是（　　）。

  A．兼容性强

  B．连接设备方便快捷

  C．必须关闭电源才能连接 USB 设备

  D．USB3.0 的速度比 USB2.0 快

3．下列选项中，属于内存容量单位的是（　　）。

  A．MHz　　　　　　　　　B．bit/s

  C．GB　　　　　　　　　　D．MIPS

4．下列设备中，同时具有输入和输出功能的是（　　）。

  A．音箱　　　　　　　　　B．麦克风

  C．触摸屏　　　　　　　　D．扬声器

5．下列选项中，不属于网络防火墙作用的是（　　）。

  A．提高网络安全性　　　　B．强化安全策略

  C．防火防雷　　　　　　　D．隔离内网和外网

6．深度学习是一种基于人工神经网络的（　　）。

  A．有监督学习　　　　　　B．无监督学习

  C．半监督学习　　　　　　D．云监督学习

7．将二进制数（1001）$_2$ 转换为十进制数，等于（　　）。

  A．9　　　　　　　　　　　B．10

  C．11　　　　　　　　　　　D．12

8. Python 语言中，执行 a="3.5"后，则 a[2]的值为（   ）。
   A．"3"   B．"5"
   C．5   D．"."

9. 中心节点故障会造成整个系统瘫痪的网络拓扑结构是（   ）。
   A．网状   B．星形
   C．环形   D．总线型

10．调制解调器的作用是（   ）。
   A．将数字信号转换成模拟信号
   B．将模拟信号转换成数字信号
   C．将数字信号与模拟信号相互转换
   D．既可以拨打电话又可以上网

11．汇编语言属于（   ）。
   A．低级语言   B．机器语言
   C．高级语言   D．自然语言

12．利用 Windows 10 操作系统"附件"下的"画图"程序制作的文件，其默认格式是（   ）。
   A．png   B．pdf
   C．wmf   D．jpg

13．下列选项中，不属于图像文件格式的是（   ）。
   A．wma   B．png
   C．jpg   D．bmp

14．在虚拟现实技术中，头戴式立体显示器属于（   ）。
   A．建模设备   B．三维视觉显示设备
   C．声音设备   D．交互设备

15．为了测试汽车安全气囊的安全性，实验小组人员用计算机制作汽车碰撞的全过程，结果"驾驶员"头破血流。该案例使用的主要技术是（   ）。
   A．智能代理技术   B．碰撞技术
   C．多媒体技术   D．虚拟现实技术

16．造纸术和印刷术的发明，表明信息技术的发展进入了（   ）。
   A．第一阶段   B．第二阶段
   C．第三阶段   D．第四阶段

17. 下列关于机器语言的说法中，正确的是（　　）。

　　A．机器语言更接近于人的自然语言

　　B．机器语言编写的程序更易于理解

　　C．机器语言经过编译后才能被计算机识别

　　D．机器语言可以被计算机直接识别

18. 计算机硬件最核心的部件是（　　）。

　　A．内存　　　　　　　　B．硬盘

　　C．主板　　　　　　　　D．中央处理器

19. 小明的电子邮件地址为"xiaoming@sina.com"，其中"sina.com"表示（　　）。

　　A．用户名　　　　　　　B．公司名

　　C．邮件服务器域名　　　D．机构名称

20. 远程手术属于（　　）。

　　A．智慧交通　　　　　　B．智能客服

　　C．智慧物流　　　　　　D．智慧医疗

二、综合题（80分）

21. 文字录入题。

端午节是古老的传统节日，始于中国的春秋战国时期，至今已有2000多年的历史。端午节由来的传说很多，这里仅介绍其中一种：源于纪念屈原。据《史记》"屈原贾生列传"记载，屈原是春秋时期楚怀王的大臣，他倡导举贤授能，富国强兵，力主联齐抗秦，遭到贵族子兰等人的强烈反对，屈原遭谗去职，被赶出都城，流放到沅、湘流域。他在流放中，写下了忧国忧民的《离骚》《天问》《九歌》等不朽诗篇，影响深远，因此端午节也称诗人节。

22. 文件基础操作题。

（1）打开"综合测试卷八"文件夹，在此文件夹中创建"abc.doc"文档。

（2）将"综合测试卷八"下的"THANK.txt"文件复制到"WINNER"文件夹中，并改名为"you.exe"。

（3）搜索"综合测试卷八"文件夹中以"B"开头的文件或文件夹，然后删除。

（4）为"WINNER"文件夹中的"HELP.bas"文件创建快捷方式，放置于"综合测试卷八"文件夹中。

（5）将"综合测试卷八"文件夹中的"KING.accdb"和"THANK.txt"文件压缩，压缩后的文件命名为"AUS.rar"，并存放在"WELL"文件夹中。

23. 网络应用题。

打开浏览器，完成以下操作。

① 访问古诗文网，将网页网址添加到收藏夹中，名称为"古诗文"。

② 浏览网页并将页面中"著名诗人——白居易"简介以"白居易.txt"文本文件的形式保存到素材文件夹中。

24．文字处理题。

打开"综合测试卷八"文件夹中的"Word1.wps"素材文档，完成以下操作后以"最新报告"文件名保存至"综合测试卷八"文件夹中。

（1）设置纸张大小为"16开"，上、下页边距为"2厘米"，左、右页边距为"3厘米"。

（2）在文章前增加一个空行，并输入标题文字"森林与世界气候"，设置字符格式为"黑体、三号、加粗"，对齐方式为"居中对齐"，给标题文字添加"浅绿色"底纹，设置字体缩放为"80%"，字符间距为"加宽"，值为"1.5磅"。

（3）设置正文字体为"宋体"，字号为"小四"；调整各段落的特殊格式为"首行缩进"，度量值为"2字符"。

（4）将文档第1段与第2段合并为一个段落，然后再从"该机构……"处分出第2段；将文档第1段行距设置为1.5倍行距，文档第2段行距设置为20磅行距。

（5）将文章中出现的"CO_2"全部替换为"二氧化碳"，字体颜色设置为"绿色"，并添加单波浪线。

（6）在文档第1段与第2段之间插入一幅名为"森林.jpg"的图片（图片在"综合测试卷八"文件夹中），设置图片高度为"6厘米"，环绕方式"四周型"。

（7）设置图片相对于页边距的位置为"水平对齐的绝对位置为3厘米，垂直对齐的绝对位置为5厘米。"

（8）给文档页脚插入页码，并设置对齐方式为"居中对齐"。

（9）给表格套用"主题样式1-强调3"表格样式。

25．电子表格处理题。

打开"综合测试卷八"文件夹中的"Excel1.et"素材文档，按以下要求完成操作。

（1）在表格顶部添加一行，然后将A1:F1单元格区域合并后居中，输入表格标题文字"员工基本工资表"，并将该工作表改名为"职工情况表"。

（2）设置标题的字号为"18"，字体为"黑体"，颜色为"绿色"；设置表头文字的字符格式为"楷体、16"，对齐方式为"垂直居中、水平居中"，底纹为"黄色"。在A2:A14单元格区域输入编号"001"～"013"。

（3）设置表格区域行高为"27磅"，并设置各列的宽度，要求：A、B列为"9字符"，C为"6字符"，D、E、F、列为"12字符"；给表格区域添加"所有框线"。

（4）在表格中"实发工资"列前增加"补贴""奖金"两列，然后按公式计算：补贴=水电费+45，奖金=（基本工资/800）×8+补贴，实发工资=基本工资-水电费+奖金。

（5）用函数统计基本工资、水电费、补贴和奖金的平均值，用函数分别计算男、女职工的实发工资合计。

（6）将"职工情况表"工作表复制一份，命名为"一月工资"，然后在新工作表中用"分类汇总"功能统计男员工和女员工的平均水电费、平均补贴和平均奖金。

（7）在"职工情况表"工作表中筛选出电费超过65元的男职工。

（8）保存并关闭工作簿。

26．演示文稿处理题。

打开"综合测试卷八"文件夹中的"WPS演示1.dps"素材文档，按以下要求完成操作。

（1）将所有幻灯片的背景设置为纹理填充中的"纸纹1"。

（2）在第1张幻灯片中插入"综合测试卷八"文件夹中的"pic.jpg"图片，锁定纵横比，设置缩放高度为"75%"。

（3）将第2张幻灯片中的图片动画效果设置为"进入-圆形扩展"，在上一个动画之后开始播放。

（4）将第3张幻灯片的版式修改为"母版版式"列表中第3行1列。

（5）将幻灯片的切换效果设置为"百叶窗"，自动换片时间为每隔2秒，应用于所有幻灯片。

（6）给第5张幻灯片右下角的动作按钮创建超链接到"第1张幻灯片"。

（7）保存并关闭演示文稿。

27．Python程序设计题。

（1）设计一个程序，要求输入三角形的底和高，可以求出三角形的面积。打开"综合测试卷八"文件夹中的"py1.py"文件。请在程序中的横线上填入适当内容把程序补充完整。

```
import math
a=int(input("请输入三角形的底："))
b=int(input("请输入三角形的高："))
s=_____
print("三角形的面积为：",_____)
```

（2）设计一个程序，按要求绘制一个半径为100像素的红色圆形，打开"综合测试卷八"文件夹中的"py2.py"文件。请在程序中的横线上填入适当内容，把程序补充完整。

```
import_____
turtle.pencolor("red")
turtle.circle(_____)
turtle.done()
```

综合测试卷（九）

一、单项选择题（20 分）

1. 下列文件中，不属于图形图像文件的是（　　）。
   A．image.mp3　　　　　　B．image.jpg
   C．image.gif　　　　　　D．image.bmp

2. 某个网站的网址是 http：//www.….edu.cn，其中的"edu"表示该网站属于（　　）。
   A．商业组织　　　　　　B．中国地区
   C．网络机构　　　　　　D．教育机构

3. 视频编辑软件没有的功能是（　　）。
   A．给视频添加特效
   B．给视频添加字幕
   C．给视频更换背景音乐
   D．改变视频中人物的动作

4. 下列关于平板电脑的描述中，正确的是（　　）。
   A．平板电脑属于输入设备
   B．平板电脑属于输出设备
   C．平板电脑既是输入设备也是输出设备
   D．平板电脑不属于输入输出设备

5. 下列选项中，不属于存储设备的是（　　）。
   A．U 盘　　　　　　　　B．光盘
   C．硬盘　　　　　　　　D．键盘

6. 键盘上具有转换插入与改写状态功能的按键是（　　）。
   A．Backspace　　　　　　B．Insert
   C．Delete　　　　　　　D．Caps Lock

7. 在计算机中，键盘、鼠标、触摸板都属于（　　）。
   A．输出设备　　　　　　B．打印设备
   C．输入设备　　　　　　D．存储设备

8. 下列关于计算机病毒的说法中，正确的是（　　）。
   A．计算机病毒是一种特殊的计算机硬件
   B．计算机病毒是程序运行时出错而自动产生的

C．计算机病毒是人为编制的特殊程序

D．计算机病毒是专门感染计算机的生物病毒

9．DOS 攻击指的是（　　）。

　　A．口令攻击　　　　　　　　B．恶意代码攻击

　　C．拒绝服务攻击　　　　　　D．分布式拒绝服务攻击

10．1946 年，美国研制成功世界上第一台电子数字计算机，其英文简称为（　　）。

　　A．Micral　　　　　　　　　B．EDVAC

　　C．Computer　　　　　　　 D．ENIAC

11．下列机器人中，不属于工业机器人的是（　　）。

　　A．装配机器人　　　　　　　B．喷涂机器人

　　C．焊接机器人　　　　　　　D．水下机器人

12．机器人的组成一般包括（　　）。

　　A．机械机构、驱动机构、传感装置和控制系统

　　B．机械机构、驱动机构、传感装置和控制系统和智能手表

　　C．机械机构、驱动机构、传感装置和控制系统和智能手机

　　D．机械机构、驱动机构、头部和脚

13．小明需要将自己制作的演示文稿通过邮件发送给老师，应将演示文稿添加到邮件（　　）。

　　A．主题中　　　　　　　　　B．正文中

　　C．附件中　　　　　　　　　D．收件人中

14．可以将一首音乐的开头和结尾部分变成淡入淡出效果的软件是（　　）。

　　A．Photoshop　　　　　　　 B．GoldWave

　　C．Flash　　　　　　　　　 D．Windows Media Player

15．下列选项中，全都属于计算机网络基本功能的是（　　）。

　　A．远程控制、文件传输、发送邮件

　　B．信息浏览、分布处理、远程控制

　　C．资源共享、数据通信、分布处理

　　D．资源共享、数据通信、远程控制

16．下列关于字节的说法中，正确是（　　）。

　　A．字节是计算机的运算速度

　　B．字节是计算机存储的基本单位

　　C．字节是计算机最小的存储单位

D．字节是计算机的计算精度

17．下列关于智慧交通描述中，错误的是（　　）。

A．只能对人、物、事件、基础设施等感知对象进行多维时空信息的局部感知和共享

B．可对感知信息的融合、挖掘和处理

C．可提升现代城市管理的应急能力永平

D．可提升现代城市管理的服务水平

18．下列存储器中，不能被CPU直接访问的是（　　）。

A．cache　　　　　　　　B．硬盘

C．RAM　　　　　　　　D．ROM

19．计算机硬件系统包括（　　）。

A．计算器、控制器、寄存器、输入设备、输出设备

B．CPU、内存、硬盘、键盘、鼠标、显示器

C．CPU、内存、硬盘、主板、机箱、电源、键盘、鼠标、显示器

D．运算器、控制器、存储器、输入设备、输出设备

20．1B等于（　　）。

A．4位　　　　　　　　B．8位

C．16位　　　　　　　D．32位

二、综合题（80分）

21．文字录入题。

春节是中国民间最隆重、最热闹的传统节日，其起源历史悠久，由上古时代岁首祈年祭祀演变而来。新春贺岁以祭祖祈年为中心，以除旧布新、拜神祭祖、祈求丰年等活动形式展开，热闹喜庆气氛浓郁，内容丰富多彩，凝聚着中华文明的传统文化精华。

22．文件基础操作题。

打开"327"文件夹，进行以下操作。

（1）在"327"文件夹下创建名为"HOR"的文件夹。

（2）删除"327\LE\YLJ"文件夹中名为"QWE.pptx"的文件。

（3）将"327\JUI"文件夹中的"SDF.dbf"文件设置成"只读"属性。

（4）将"327\ME"文件夹下的"AND.txt"文件重命名为DOC1.docx

（5）将"327"文件夹中名为"KSSJ.xlsx"的文件移动到"327"文件夹中的"EXCEL"文件夹中。

（6）将"327\XSCJ"文件夹中的文件复制到"327\CJ"文件夹中。

（7）将"327"文件夹下的"KV"文件夹进行压缩，压缩文件名为"KV.rar"，保存到"327"

文件夹中。

23．网络应用题。

使用账号"asdf123x2022"（密码为"Asdf123x2022x"），登录 163 网页邮箱，完成下列操作。

同时给张老师、李老师发送一封电子邮件。

收件人邮箱地址：zhang@sina.com.cn；lsg@126.com。

邮件主题：节日快乐！

24．文字处理题。

打开"316"文件夹中的"农历二十四节气.wps"素材文档，按以下要求完成操作并保存。

（1）将标题文字"农历二十四节气"字体设置为"华文行楷"，正文字体设置为"隶书"。

（2）将标题文字字号设置为"二号"，正文文字字号设置为"四号"。

（3）正文各段文本前、后各缩进"0.5 字符"。

（4）正文各段行距设置为"最小值"，值为"25 磅"。

（5）为正文第 2 段设置"橙色"底纹。

（6）在页脚左侧插入页码，格式为"1，2，3……"。

（7）在文档末尾创建一个 3 行 7 列的表格。

（8）将表格各单元格的对齐方式设置为"水平居中"。

25．电子表格处理题。

打开"278"文件夹中的"excel10.et"素材文档，按以下要求完成操作并保存。

（1）将 A1:G1 单元格区域合并后居中，设置标题文字的字体为"楷体"，字号为"20"，颜色为"深蓝"。

（2）用函数计算出所有车型四个季度的"总销量"和"平均销量"。

（3）将 A2:G8 单元格区域的水平对齐方式设置为"居中"。

（4）设置 G3:G8 单元格区域数字分类为"数值"，不保留小数位。

（5）将 A2:G8 单元格区域以"总销量"为关键字降序排序。

（6）利用条件格式的"突出显示单元格规则"将 B3:E8 单元格区域中销量大于 80 的单元格设置为"浅红填充色深红色文本"。

（7）设置 A2:G8 单元格区域的外边框为"双实线"，内部为"单实线"。

26．演示文稿处理题。

打开"286"文件夹中的"演示文稿 8.dps"素材文档，按以下要求完成操作并保存。

（1）在演示文稿开始处插入一张新幻灯片作为文稿的第 1 张幻灯片，版式为第 1 种母版版式，输入标题文字"春运回家"，并设置字符格式为"华文仿宋、72、加粗"。

（2）所有幻灯片的背景均设置为纯色填充中的"浅蓝"。

（3）将第2张幻灯片居中文本的动画效果设置为"进入-华丽型-浮动"，在上一个动画之后开始播放。

（4）将幻灯片的切换效果设置为"棋盘"，效果选项为"纵向"，应用于所有幻灯片。

27．Python程序设计题。

打开"243"文件夹中的"ks8.py"文件，该文件中提供的程序代码不完整，请完善代码实现程序功能："2021年我国CDP总量为114万亿元，按年增长率为8%计算，到哪一年，我国的GDP总量会超过200万亿元。"进行以下操作。

（1）将程序中横线上的内容修改正确，不能修改程序的其他部分。

（2）编写完成后保存文件并关闭Python编辑器。

综合测试卷（十）

一、单项选择题（20分）

1．通常网络用户使用的电子邮箱建立在（　　）。
   A．用户的计算机上　　　　B．发件人的计算机上
   C．ISP的邮件服务器上　　　D．收件人的计算机上

2．存储一个48×48点的汉字字形码需要的字节数是（　　）。
   A．384　　　　　　　　　　B．144
   C．256　　　　　　　　　　D．288

3．HTTP是（　　）。
   A．网址　　　　　　　　　　B．域名
   C．高级语言　　　　　　　　D．超文本传输协议

4．计算机的销售广告中"P4 2.4 G/256 M/80 G"中的2.4 G表示（　　）。
   A．CPU的运算速度为2.4 GIPS
   B．CPU为Pentium4的2.4代
   C．CPU的时钟主频为2.4 GHz
   D．CPU与内存间的数据交换速率是2.4 Gbit/s

5．下列关于USB的叙述中，错误的是（　　）。
   A．USB接口的外表尺寸比并行接口大得多
   B．USB 2.0的数据传输率大大高于USB 1.1
   C．USB具有热插拔与即插即用的功能

D. 在 Windows 10 操作系统中，使用 USB 接口连接的外部设备（如移动硬盘、U 盘等）不需要驱动程序

6. 下列关于随机存取存储器（RAM）的叙述中，正确的是（　　）。
   A. 存储在 SRAM 或 DRAM 中的数据断电后将全部丢失且无法恢复
   B. SRAM 的集成度比 DRAM 高
   C. DRAM 的存取速度比 SRAM 快
   D. DRAM 常用来作为 cache 使用

7. 十进制数 32 转换成无符号二进制数是（　　）。
   A. 100000　　　　　　　　B. 100100
   C. 100010　　　　　　　　D. 101000

8. 计算机网络是计算机技术和（　　）。
   A. 自动化技术的结合　　　B. 通信技术的结合
   C. 电缆等传输技术的结合　D. 信息技术的结合

9. 硬盘属于（　　）。
   A. 内部存储器　　　　　　B. 外部存储器
   C. 只读存储器　　　　　　D. 输出设备

10. 世界上第一台计算机的英文缩写名为（　　）。
    A. MARK-II　　　　　　　B. ENIAC
    C. EDSAC　　　　　　　　D. EDVAC

11. 假设某台式计算机的内存储器容量为 128 MB，硬盘容量为 10 GB。硬盘容量是内存容量的（　　）。
    A. 40 倍　　　　　　　　B. 60 倍
    C. 80 倍　　　　　　　　D. 100 倍

12. 计算机的硬件主要包括中央处理器（CPU）、存储器、输出设备和（　　）。
    A. 键盘　　　　　　　　　B. 鼠标
    C. 输入设备　　　　　　　D. 显示器

13. 下列关于 ASCII 编码的叙述中，正确的是（　　）。
    A. 一个字符的标准 ASCII 码占一个字节，其最高二进制位总为 1
    B. 所有大写英文字母的 ASCII 码值都小于小写英文字母 a 的 ASCII 码值
    C. 所有大写英文字母的 ASCII 码值都大于小写英文字母 a 的 ASCII 码值
    D. 标准 ASCII 码表有 256 个不同的字符编码

14. 十进制数 18 转换成二进制数是（　　）。
    A. 010101　　　　　　　　B. 101000
    C. 010010　　　　　　　　D. 001010

15. 有一域名为 edu.cn，根据域名代码的规定，此域名表示（　　）。
    A. 政府机关　　　　　　　B. 商业组织
    C. 军事部门　　　　　　　D. 教育机构

16. 下列设备中，可以作为输出设备的是（　　）。
    A. 打印机　　　　　　　　B. 显示器
    C. 鼠标　　　　　　　　　D. 绘图仪

17. 构成 CPU 的主要部件是（　　）。
    A. 内存和控制器　　　　　B. 内存、控制器和运算器
    C. 高速缓存和运算器　　　D. 控制器和运算器

18. 下列设备中，可以作为输入设备的是（　　）。
    A. 打印机　　　　　　　　B. 显示器
    C. 鼠标　　　　　　　　　D. 绘图仪

19. 下列各项中，非法的 IP 地址是（　　）。
    A. 202.96.12.14　　　　　B. 202.196.72.140
    C. 112.256.23.8　　　　　D. 201.124.38.79

20. 计算机网络分为局域网、城域网和广域网，下列属于局域网的是（　　）。
    A. ChinaDDN　　　　　　　B. Novell 网
    C. ChinaNet　　　　　　　D. Internet

二、综合题（80 分）

21. 文字录入题。

《2018 年春运大数据报告》显示，回家仍然是 2018 年春运不变的主题，平均出行距离约 700 千米。近七成旅客表示会提前一周开始规划行程，有近半旅客需经历至少一次大交通中转，51.9%的旅客愿意牺牲旅途时间换取顺利出行。在明确无法通过首选方案出行时，有 48.7% 的旅客会提前一周考虑替代交通出行方案，并对替代交通出行方案的智慧化推荐服务需求巨大，超过七成旅客表示乐于尝试推荐方案。

22. 文件基础操作题。

打开"综合测试卷十\11"文件夹，进行以下操作。

(1) 在"综合测试卷十\11"文件夹下创建名为"福建"和"广东"的两个文件夹。

(2) 将"综合测试卷十\11"文件夹中的"rem.jnt"文件重命名为"readme.jnt"。

（3）删除"综合测试卷十\11"文件夹下的"hainan"文件夹。

（4）将"综合测试卷十\11"文件夹中的"kad.psd"文件设置为"只读"属性。

（5）将"综合测试卷十\11"文件夹中的"jpa.bmp"文件复制到"综合测试卷十\11\云南"文件夹中。

（6）将"综合测试卷十\11"文件夹中的"fan.docx"和"kan.xlsx"文件移动到"综合测试卷十\11\浙江"文件夹中。

（7）将"综合测试卷十\11"文件夹下的"上海"文件夹压缩为"上海.rar"文件，并存放在"综合测试卷十\11"文件夹中。

23．网络应用题。

使用账号"asdf123x2022"（密码为"Asdf123x2022x"），登录163网页邮箱，编辑并发送电子邮件。

收件人：zhangfr@163.cn。

主题：风景照。

内容："张同学：近期我去西藏旅游了，现将在西藏旅游时拍的一张风景照片发送给你，请欣赏。"

24．文字处理题。

打开"综合测试卷十\WPS2019文字"文件夹中的"WPS文字1.wps"素材文档，按以下要求完成操作并保存。

（1）将第1行标题文字字符格式设置为"隶书、小一、加粗"。

（2）将标题文字的对齐方式设置为"居中对齐"。

（3）设置正文各段落的特殊格式为"首行缩进"，度量值为"2字符"。

（4）设置正文行距为"固定值"，值为"20磅"。

（5）将正文最后一段双引号中的文字设置为"黄色突出显示"，并添加着重号。

（6）在文档中插入"综合测试卷十\WPS2019 文字\pic.png"图片，设置文字环绕方式为"四周型"，图片缩放为原图的"70%"。

（7）在文档末尾插入一个3行4列的表格。

（8）设置表格样式为"浅色样式2-强调3"，单元格对齐方式为"水平居中"。

（9）在页眉处添加文字"感悟"，并设置对齐方式为"居中对齐"。

25．电子表格处理题。

打开"综合测试卷十\WPS2019表格"文件夹中的"WPS表格1.et"素材文档，按以下要求完成操作并保存。

（1）将A1:H1单元格区域合并居中，设置字符格式为"黑体、16、加粗"，颜色为"蓝色"，单元格填充颜色为"黄色"。

（2）将 F2 单元格的单元格格式设置为"自动换行"。

（3）用函数计算所有人的"总分"和"平均分"，设置 H3:H29 单元格区域的数字分类为"数值"，并保留 1 位小数。

（4）在 A2:H29 单元格区域以"平均分"为主要关键字降序排序，把 B3:F29 单元格区域的条件格式设置为"突出显示单元格规则"，将小于 60 分的单元格设置为"字形加粗、红色"。

（5）为 A2:H29 单元格区域套用"表样式浅色 11"表格样式，勾选"表包含标题"和"筛选按钮"复选框。

（6）筛选出平均分小于 60 的数据。

（7）复制工作表 Sheet1，并移至最右侧。

26．演示文稿处理题。

打开"综合测试卷十\WPS2019 演示"文件夹中的"WPS 演示 1.dps"素材文档，按以下要求完成操作并保存。

（1）将所有幻灯片的背景设置为纹理填充中的"纸纹 1"。

（2）在第 1 张幻灯片中插入"综合测试卷十\WPS2019 演示"文件夹中的"pic.jpg"图片，锁定纵横比，设置缩放高度为"75%"。

（3）将第 2 张幻灯片中的图片动画效果设置为"进入-基本型-圆形扩展"，在上一个动画之后开始播放。

（4）将第 3 张幻灯片版式修改为"母版版式"列表中第 3 行第 1 列的母版。

（5）将第 4 张幻灯片的切换效果设置为"百叶窗"，自动换片时间为"每隔 2 秒"，应用于所有幻灯片。

（6）给第 5 张幻灯片右下角的动作按钮创建超链接到"第 1 张幻灯片"。

27．Python 程序设计题。

打开"综合测试卷十\Python1 操作"文件夹中的"ks1.py"文件，该文件程序实现的功能为：输入不为零的整数 x、y，计算并输出 s=x÷2y 的值。进行以下操作并保存。

（1）将程序中横线上的内容修改正确，不能修改程序的其他部分。

（2）编写完成后保存文件并关闭 Python 编辑器。

反侵权盗版声明

电子工业出版社依法对本作品享有专有出版权。任何未经权利人书面许可，复制、销售或通过信息网络传播本作品的行为；歪曲、篡改、剽窃本作品的行为，均违反《中华人民共和国著作权法》，其行为人应承担相应的民事责任和行政责任，构成犯罪的，将被依法追究刑事责任。

为了维护市场秩序，保护权利人的合法权益，我社将依法查处和打击侵权盗版的单位和个人。欢迎社会各界人士积极举报侵权盗版行为，本社将奖励举报有功人员，并保证举报人的信息不被泄露。

举报电话：（010）88254396；（010）88258888
传　　真：（010）88254397
E-mail：　　dbqq@phei.com.cn
通信地址：北京市万寿路173信箱
　　　　　电子工业出版社总编办公室
邮　　编：100036